影视专业应用型本科系列教材

数字摄影技术

付　斌　编著

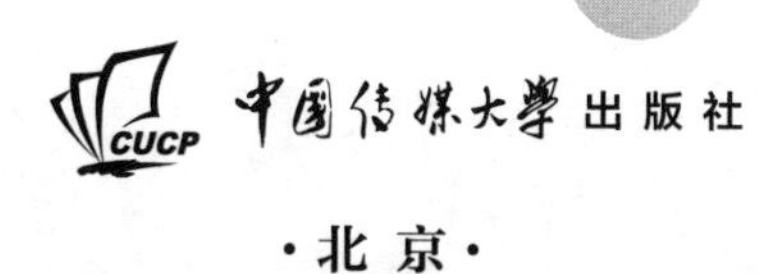

·北京·

目　录

contents

下编 数字影视摄影技术

前　言

随着广播电视技术的不断革新和传媒事业的蓬勃发展，过去我们所掌握的一些知识和技能已不能适应现今融媒体时代的传播环境。尤其是电影摄影、广播电视拍摄、新兴媒体的不断融合与发展，更加促进了影视摄影领域的飞速发展。笔者在2016年7月到2022年2月期间，针对影视传媒类专业的“电视摄像”“摄像基础”“摄影摄像技术”等课程，结合影视行业、广播电视领域一线实际，撰写了“数字摄影技术”课程讲义。第一版79 599字，共计9章。在该版讲义的教学实践中，充分体现了“理论与实践相结合”的教学理念，教学目标得以较好实现。2017—2019年间，笔者应邀讲授了《高清摄影摄像实训》《高端数字摄影》等课程。故在之前讲义的基础之上，进行了5次大的修改和完善，文稿篇幅从7万余字上升至近10万字，删减了部分标清和高清初期的知识。例如，在2017年后的文稿中，笔者修改完善了高清磁带摄像机及磁带的安装和维护问题。在近年来的教学实际中，随着学情、传媒发展情况的急剧变化，数字摄影的理念、拍摄剪辑设备、制作流程都出现了不同程度的变化。2020年9月，摄影、影视摄影与制作专业开展了2019、2020人才培养方案的修订工作，摄影专业将原“数字摄影技术”“高端数字摄影”课程整合为“数字摄影技术”课程。将原有基础课程、高级课程合二为一，优化了课程体系，进一步凸显了对学生综合能力的培养和提升。影视摄影与制作专业则在过去人才培养方案、教学大纲的相关要求之上，一改过去教学内容偏向电影摄影的问题，增设了部分广播电视领域的知识和技能，丰富了教学体系，提升了教学内容整体的“含金量”和实用性。

另外，笔者在原“数字摄影技术”课程教学内容基础之上，融入了“高端数字摄影”课程中超高清摄录设备使用、超高清技术参数、超高清技术应用、短视频拍摄以及后期编辑技巧等领域的知识。保留了原有教学活动和教学环节，继续推进“每课一练”“影视短片颁奖大会”“今天你来当老师”等内容，最大限度地提升学生的学习兴趣和教学质量。

具体来讲，针对影视摄影与制作等相关专业学生的实际情况，笔者在本书中做了如下几点思考和改良：

首先，在本书的撰写过程中，笔者充分考虑了当前融合媒体发展实际，在本书中增加了新媒体平台相关视频（包括短视频）、节目拍摄的技术、流程讲解和实训环节，帮助学生更好地投入专业实践当中。

其次，笔者针对2018、2019、2020级影视摄影与制作专业学生的学习情况，对摄影镜头相关知识点适当增加了难度。特别是在“光学镜头的结构和艺术特性”中，笔者将重点阐述“焦点”“焦距”“像场”“像角”“后景深”等内容，保留摄像机电路部分的相关专业知识。

最后，通过以往的教学实践，按照教育部本科合格评估的相关要求，笔者将就“平时练习”给予相对应的学习指导书，便于任课教师和学生参考进行实际操作。并就平时练习中可能存在的问题或者易错问题进行提示和讲解，紧紧围绕“练”和“战”（影视作品拍摄）开展数字摄影相关知识和技术的学习。

在本书相关内容的撰写中，笔者参阅了大量的论文、专著、业界技术指标和互联网资料，所引用内容已在文中脚注和文后参考文献中列出。

金无足赤，人无完人，恳请学界、业界专家们提出宝贵意见，促使本书内容不断完善，以培养更多传媒人才。

2022年5月17日于成都

绪　论

开篇之前，首先要明确一个概念：什么是摄影？本书中提及的“数字摄影”又是指的什么？一般来讲，“摄影”指的是利用光学成像等科学原理，使真实景物在平面里得到影像记录或者反映的过程。[①]数字摄影则是相较于传统胶片摄影而言的，主要是将数字化贯穿于摄影全流程中。在当下，数字摄影一般指平面摄影，也就是图片摄影、静态摄影。实际上，数字摄影还应当包括数字影视摄影，电影、电视、短视频和虚拟影像技术等都属此范畴。

本书主要分为上、下两编：上编为数字图片摄影技术篇，主要讲五个问题：摄影基础知识、数码相机的技术知识、数字摄影控制技术、数字摄影用光、数字摄影构图。下编为数字影视摄影技术篇，主要谈九个问题：数字高清、超高清影视摄影概述，高清、超高清摄影技术基础，光源色温与影视摄影之间的关系，光学镜头的结构与艺术特性，影视摄影镜头的构成，索尼PXW-FS5摄像机的使用与调试，Red Komodo电影摄影机的使用与调试，影视摄影构图，影视摄像中的运动，拍摄附件的使用技巧。下编是本书着重介绍的篇章，之所以要首先谈数字图片摄影技术，主要基于两个原因：首先，数字图片摄影技术是摄影工作中最为基础和根本的一部分，照相术的发明为后来的图片摄影发展奠定了坚实的基础。我们今天谈的数字摄影也是在传统胶片摄影的基础之上，利用数字技术发展而来的。我们要学好摄影，特别是影视摄影，必须要弄清摄影技术的基本原理和技巧，才能融会贯通、举一反三。其次，摄影教育领域“大摄影”概念的科学性。在国内很多院校的摄影专业，都十分重视“大摄影”概念，即不单纯地将摄影和影视摄影割裂开，而是要求摄影专业、影视摄影相关专业学生同时学习摄影和影视摄影的相关知识，掌握多项技能，一方面加深对摄影技术的掌握力度，另一方面也是迫于就业形势的现实需要。毕竟，一专多能型人才是目前极为需要的。置于传媒领域来看，既能拍照片、写稿子，又能拍视频、剪片子、

① 王冲. 关于摄影概念的冷思考[J]. 金田, 2013(1): 380.

发短视频的全媒体记者才是现在最稀缺的。因此，无论从学术角度来看，还是从业界需求来看，学好摄影、影视摄影技术都是必要的。

当然，在摄影和影视摄影中，一些内容既是相通的，也存在差异。例如，在镜头成像原理等问题中，二者是一脉相承的。在构图、用光等方面，虽有相似点，但也存在差异。比如，摄影构图和影视摄影构图有很多相似之处，但摄影构图属于静态，影视摄影构图属于动态，两者在实操环节还是大有不同的。在本书讲述摄影构图和影视摄影构图时，会说明这一点，这里暂不展开论述。

综上，本书在撰写过程中，充分考虑了相关专业学生学习的需要，涵盖了数字图片摄影技术和数字影视摄影技术的基本知识和技能，符合基本学习需要。本书同样适用于初学者或者爱好者。

上编
数字图片摄影技术

第1章　摄影基础知识

数码相机与传统相机相似，在很多方面是相通的。今天，我们一起认识数字摄影技术，了解数字摄影的基础知识。首先，我们谈一谈数字化的一些基础知识。

1.1　数字化基础知识

1.1.1　图像的位深度

众所周知，图像的分辨率将影响文件本身的大小，在相同分辨率的文件间，还存在大小的不同。这是如何造成的呢？这就要说到另一个概念——位深度。所谓的“位深度”指的是图像的颜色深度，或者像素的深度。简单来讲，指的就是一幅图像到底有多少关于颜色的信息可以被显示出来，或者被打印出来。像素深度一般用“位/像素”来表示。位深度值越大，表示数字图像具有更多的可用颜色和更为精确的颜色显示。例如，位深度为1的像素，我们可以表示为2^1，也就是2。最终的颜色就是黑色和白色。再比如，如果一幅图像的位深度是8，也就是2^8,256，即这幅图像拥有256种色彩和灰色调。以此类推，如果一幅图像的位深度是24，也就是2^{24}，这便意味着这幅图像可以展示16, 777, 216种颜色，约等于1, 680万色彩。

位深度在数字摄影中是非常重要的指标，我们一般在拍摄实践中可以将图像设置为1—64位。通常来说，摄影师将图像设置为30、36或者更高，是因为这样设置所呈现的图像色彩更丰富，可以达到十几亿。当然，说到这，大家可能会有疑问，我们人眼可以辨别的色彩一般情况下只有100多种，这么多颜色有什么用呢？其实，位深度还可以为其他数据传输额外的信息，例如α通道信息，也就是一张图片的透明度和半透明度。当然，这只是一方面，更多的还有对色彩范围的拓宽。比如说，在一幅画面中，亮与暗之间并非只有一墙之隔，它们中间还有很多层次，像次亮、次暗……我们增加图像的位深度，就可以增加更多的细节。

1.1.2 分辨率

分辨率主要是反映图像清晰度的，是用于衡量图像内部数据量多少的一个指标。一般采用PPI（Pixel Per Inch）或者DPI（Dot Per Inch）表示，通常情况下，PPI是在计算机显示端被提及的，而DPI则一般是在打印或者印刷领域当中。关于分辨率的问题，在数码领域比较繁杂，有显示器的、打印机的、扫描仪的……但万变不离其宗，就是图像中的像素、点或者我们传统胶片中的颗粒。鉴于数字摄影的具体情况，这里主要谈一下数码相机的分辨率以及图片的分辨率。

1.数码相机的分辨率

数码相机的分辨率是其重要的质量水平指标，通常用两种方法加以衡量：第一，数码相机的图像信号传感器能够捕捉的最大像素总量，例如，佳能5D Ⅳ相机，全画幅CMOS传感器，3040万像素；索尼A7M3配备2420万像素Exmor R CMOS背照式影像传感器；第二，数码相机捕捉图像的像素规格，一般采用宽×高的形式。例如，一般的高清影像为1920×1080。

2.图像的分辨率

图像的分辨率会直接影响打印品质和尺寸，但不会影响其在屏幕上的画质。比如，有一个图像的分辨率为100DPI，大小是1920×1080，这直接表明，如果要打印这张照片，每英寸要表现出100个点，所以，打印出来的尺寸大概是19.2×10.8英寸。这是怎么计算的呢？其实比较简单，我们只需要用1920和1080分别除以100就可以了。

我们从这种计算方法可以看出，如果分辨率越高，可放大的寸数就会越小。换句话讲，分辨率直接影响到的就是放大的尺寸问题，并不影响画质，因为画质在一开始就已经确立了。一些手机广告存在明显误导，比如，广告中说道，“我们的手机分辨率很高，超过了友商，画质显然毋庸置疑，绝对好”！一般的消费者不清楚专业知识，很容易轻信这样的广告宣传，其实，所谓的画质与分辨率并没有直接的、决定性的关系。

1.1.3 插值

插值原本是一个数学上的概念，大概的意思是在离散的数据之间进行一些数据的补充，使这些离散数据能够符合相关条件并组成一个连续的函数。简单来说，就是在不生成新的像素的情况下增加图像像素的一种方式。它的原理其实是根据图像周边像素的指标进行模拟复制。比如，一幅图片放大之后，缺少的像素可以通过临近周边的像素进行复制生成，最终在整体上看弥补了缺失的部分。这一操作其实在画质上并没有起到太大的作用，无非是一种“弥补”而已。很多时候出现在画面中的，其实是一些锯齿状的痕迹，尤其在放大以后更为明显。所以，个别厂家在推广自己的数码产品，例如数码相机时，会提出插值分辨率的问题，其实，这基本就是一个噱头，没有实质意义。

1.1.4 数字变焦

数字变焦是通过数码相机内部处理器，对局部进行放大从而达到变焦的效果。请注意，仅仅是“变焦”的效果而已，并不代表清晰度能保持像光学变焦那样稳定清晰的效果。换言之，数码变焦只是将局部放大了，并没有考虑画质的问题，一般都会出现画质急剧下降的问题。目前，一些手机厂商推出了50倍甚至100倍变焦。这对于画质而言没有任何意义，只是提供了一个“放大镜”而已。所以，我们在使用专业数码设备时，数字变焦功能一般是可以关掉的。

1.1.5 感光度

感光度是基于传统银盐胶片对光线的敏感程度而设定的一种衡量度，对于传统胶片而言，感光度的数值表示胶片对光感应能力的强弱。在数码时代，摄影行业沿用了传统胶片的这一指标，用成像器件代替了胶片。一般来讲，专业数码相机感光度一般可达ISO 1600及以上。摄影师在使用数码相机时，可以通过改变感光度来提升机器本身的感光能力。当然，这样做会有一个副作用，那就是会增加噪点。所以，通常情况下，我们建议大家使用低感光度进行拍摄，避免出现高噪点，影响画面质量。

1.1.6 图像品质

在图片拍摄过程中，我们一般评价其品质的指标有三个：对比度、饱和度、清晰度。

对比度就是明暗之间的对比。我们在拍摄时，要特别注意对对比度的控制。初学者一般在设置对比度时，容易走向两个极端，要么设置过高，画面锐度较好，但高光部分的细节会丢失；如果对比度设置过低，细节层次比较丰富，但画面锐度降低，整体看起来会比较发灰。所以，设置适当的对比度是非常重要的。我们一般会根据照片的色彩、内容来综合考虑对比度问题。

饱和度指色彩的饱和程度，或者说鲜艳程度。在艺术创作中，一般会将饱和度调到比现实色彩略高的程度，过于高并不合适。当然，这里不能一概而论，在部分时尚、广告摄影中，由于艺术创作的需要，也可能需要设置相对较高的饱和度。

图像的清晰程度是既定的，通俗地讲，当这张图片“呱呱坠地”之时，其清晰度就已经形成了。我们这里强调的清晰度，是通过后期技术手段，在视觉上提升画面的清晰度。在一定的画幅或者尺寸中，这种操作是可行的。但这种经过处理的图像是经不起放大的，一旦放大图像，高度“锐化”所产生的噪点、层次锐减，色彩变化都将直接影响画面质量。

1.1.7 存储格式

JPEG是常见的一种高压缩率图片格式。它主要是利用了人眼的习惯，通过压缩色彩保留亮度的方式降低图片的大小。

TIFF是通用的数码相机格式，可以按照一定的顺序记录图像中所有像素点的色彩信息，同时支持多种色彩模式和压缩模式。

RAW是专业数码相机拍摄中常用的一种格式，是通常没有经过数码相机或者其他软件处理过的信息，即图像的原始信息。其文件数据量较其他无压缩文件来讲更小，有利于节省存储空间。当然，对于此类文件的处理需要运用专业知识，特别是要解决相关软件的操作问题，就需要进行专门的学习。不建议初学者盲目地使用这一格式。

1.2 数码相机

1.2.1 数码相机的基本结构

当下数码相机的型号、种类繁多，但基本的结构是相同的，一般是由镜头、光圈、快门、取景器、调焦装置、机身、输出控制单元、成像器件等组成。

镜头是关系摄影工作成败的重要一环，数码相机的镜头一般分为标准镜头、广角镜头、长焦镜头、变焦镜头、微距镜头、移轴镜头等。按照焦距的调节则可以分为变焦镜头、定焦镜头。定焦镜头又可分为标准镜头、广角镜头、远摄镜头。

数码相机镜头内部设有多边形或者圆形结构，通过开合大小的变化，控制进光量的大小，这个装置称为“光圈”。光圈系数，也就是F5.6、F2.8一类参数与光圈大小成反比。

快门是数码相机用以控制感光片有效曝光时间的部件。它的质量标准是衡量照相机水平指标的重要参考。它主要的作用就是控制曝光的时间。我们在相机上看到的1、2、4、8、

15、30、60、125、250、500、1000等数字表示曝光时间秒数的倒数，比如，“60”就表示快门速度为1/60。在相机快门速度中，还有“B”和“T”，其中“B”的含义是B门，手指按下是快门开启，松开时快门关闭。“T”挡则是按一次快门开启，再按一次快门关闭。

取景器通常有黑白、彩色两种，大部分数码相机采用彩色的取景器，一部分专业级数码相机采用黑白的取景器。现在的取景器不仅仅是显示取景画面，还承担了相关参数、参考线、菜单等显示功能。

数码相机的调焦装置大部分是采用电子测距仪自动进行的。摄影师在“半按”快门时，电子测距仪就可以把前后移动的镜头控制在相应的位置上，或者说使焦点落在焦平面上，最终使被拍摄对象成像清晰。

为了信号输出、后期制作等需要，数码相机一般都设有相关的输出控制单元。例如，USB接口、HDMI接口等。

目前的数码相机，大多使用CMOS或者CCD芯片，CCD芯片耗电较大，成像质量相较于CMOS略胜一筹。但CCD内部结构相对复杂，成本也较高。CMOS芯片构造相对简单，但由于设计原因，其感光度、信噪比等指标相对较弱。随着目前技术的不断进步，CMOS逐渐成为主流，很多主流单反、微单相机采用了CMOS传感器。

机身是照相机的暗箱，大部分部件都安装在机身，进而形成一个整体。

1.2.2 数码相机的种类

关于数码相机的分类，我们首先需要明确的是分类的标准。我们根据数码相机的价位和用途将其分为专业级数码相机和消费级数码相机。

1.专业级数码相机

专业级数码单反相机，即“单镜片反光照相机”，通常是在现有35mm单反相机上加上影像传感器等部件所构成的整体。一般像素都在1000万以上，并且可以更换镜头。例如，尼康D6、佳能EOS 5D Mark IV、富士S3Pro等。

专业级数码微单相机，即“无反相机”，具体来讲就是“无反光板相机”。2022年，市面上比较流行的微单相机有富士X-S10、佳能EOS RP、索尼ILCE-7SM3等。

数字后背，又叫作“数字机背”，一般用在中画幅相机或者大型相机上，可以将画面数字化。其在相机上的装卸较为方便，可实现数字相机和传统照相方式的转换。（如图1-1所示）

2.消费级数码相机

紧凑型的数码相机，外形美观、小巧，操作简单，用户基本不需要专业知识即可使用，自动化、智能化程度很高。例如，佳能M200、索尼ZV-1。（如图1-2，图1-3所示）

中档数码相机，可满足一般日常生活记录，部分已具备专业级数码相机的功能和指标，例如在像素方面迈入千万级，数字、光学变焦能适应较多的生活记录。一些相机在光圈、快门、感光度等基本指标上可以实现初步的手动设置，同样也有较高的自动化设置。例如，索尼DSC-H300、DSC-H1等。

高档数码相机，已接近专业级数码相机，在光圈、光门、聚焦、感光度、连拍、视频录制等方面均有涉及，配备热靴，可以外接专业级闪光灯（或者视频补光灯）。例如，佳能（Canon）EOS M50 Mark II，有效像素达到2400万，采用CMOS传感器，自动对焦区域达143个。（如图1-4所示）

图1-1　哈苏H6D-100C哈苏1亿像素数码后背

图1-2　佳能M200数码相机

图1-3　索尼ZV-1 VLOG数码相机

图1-4　佳能（Canon）EOS M50 Mark II

1.2.3　数字照相机的特点

第一，即拍即用，快捷高效。数码相机解决了过去胶片相机存在的问题，即无法即时查看已拍摄照片的质量，必须经过冲洗才能查看，增加了照片质量的不确定性。数码相机拍摄后立即可以观看成像质量。

第二，自控性强，操作性强。数码相机对相关指标，例如光圈、快门、感光度、焦点等均可以实现有效控制，特别是增加了触控功能，这些操作更为简单。

第三，重复使用，存储量大。传统胶片无法达到数码相机的容量，过去标准135彩色胶片一卷可以拍摄36—45张，主要取决于片头安装的长短。而现在的数码相机可轻松实现上千张的存储量，在经过存储拷贝后，还可以重复使用。

图1-5　哈苏（HASSELBLAD）H6D-400c MS 4亿像素数码相机

第四，感光度可控，画质优异。随着研发技术的不断革新，目前数码相机的成像质量早已超越胶片相机，上亿像素的数码相机已经问世。例如，哈苏（HASSELBLAD）H6D-400c MS像素达4亿，售价38万元人民币，感光度可控范围为64—12800。（如图1-5所示）

第五，传输快速，还原度高。伴随着互联网的飞速发展，数码相机利用网络技术实现了高速的传输，满足了不同情况下的影像的传输和呈现。除了压缩或者其他因素的影响，照片在传输、保存、拷贝中一般不会出现像素、画质损失的现象。

第六，照片便于保存与管理。数码相机的照片文件以数据形式进行存储，方便在电脑、移动终端、移动存储空间中进行存储和管理。不同于过去胶片的存储，受到容量、环境等因素的影响。

第七，后期制作方便。在后期制作方面，数码相机照片可轻松导入相关软件中进行制作，满足各种创作的需求。

第八，功能多样，一机多用。目前的数码相机，一改过去相机的模式，可以实现除了拍照以外的录像、录音功能，可应对不同的内容创作。近些年，数码相机被广泛地运用到短视频的拍摄当中，正是“一机多用”的最好体现。很多数码相机已可以实现4K超高清视频的录制，画质不低于专业的广播电视摄像机。

本章思考与练习题

1.什么是分辨率，分辨率与画面的质量有直接关系吗？

2.数码相机的基本特点是什么？

3.数码照相机的基本结构是怎样的？

第2章　数码相机的技术知识

2.1　数码相机的成像原理

数码相机是数码摄影的主要工具，能在瞬间将被拍摄景物反射出来的光线捕捉下来，并将光信号转变为数字信号。1839年以来，照相机经过不断改进与更新，品种逐渐增多，但其基本工作原理还是小孔成像。数码相机主要包括光学摄影镜头、感光元件、数码信号处理器、光学取景器、LCD液晶屏、快门、光圈、存储卡和电池等部件。

2.2　数码相机的镜头

2.2.1　镜头的分类

按照镜头焦距的长短，我们可以将镜头划分为标准镜头、广角镜头和长焦镜头。

标准镜头：焦距长度接近相机画幅对角线长度的镜头。

广角镜头：焦距短于、视角大于标准镜头。

长焦镜头：焦距长于、视角小于标准镜头，焦距在200mm左右，视角在12度左右；焦距在300mm以上、视角小于8度的称为“超远摄镜头”。

2.2.2　光学镜头的常见字符和含义

AF（Auto Focus）：自动聚焦。

AS（Anti-Shake）：防震（镜头）。

APO（Apochromatic）复消色差，是指能对多种色光（超过两种）消除色差的镜头。

镜头上的色圈：在佳能镜头中，如果镜头上带有红圈，则表示此镜头为专业镜头；在富士镜头中，如果镜头上带有绿圈，则表示该镜头为专业镜头；在尼康镜头中，如果镜头上带有金圈，就表示这个镜头为专业级镜头。另外，在佳能镜头中，L字样代表豪华镜头，即英文单词“Luxury”。而EF（Electronic Focus），即电子对焦；USM（Ultrasonic Motor），即超声波马达、IS（Imagine Stabilizer），即影响稳定器，主要作用是防抖。

2.3 照相机光圈与快门

照相机的光圈其实是在镜头前段由几组叶片组成的光孔，摄影师通过调节光孔的直径来控制进光量的大小，从而实现控制曝光的目的。光圈的大小通常用光圈系数F来表示，等于焦距f与光孔直径D之比。光圈系数与光圈大小成反比，也就是说“光圈系数越大，光圈越小。光圈系数越小，光圈越大”。在拍摄过程中，使用的光圈越小，通常会造成景深越大。关于景深的概念和特点，我们将在后文相关章节详细论述。

而快门就是控制光圈关闭快慢的一个重要指标，同一个光圈，不同的快门会造成不同的曝光效果。例如，我们在拍摄瀑布、人流、车流时就可以采用小光圈，长时间曝光。我们在拍摄夜景中汽车尾灯的“亮线”时也可采用这种方式。

光圈和快门的配合需要根据现场光线情况和创作需求进行具体调整，很难有一个标准值。因此，我们在拍摄时，尤其是现场光线不够的情况下，要特别注意光圈和快门的配合。这里不仅要考虑曝光的准确性，还要考虑景深的问题。

2.4 数码相机的性能指标

2.4.1 图像传感器

图像传感器是数码相机的核心部件之一，一款专业的数码相机通常具有一个强大的心脏。过去，传统胶片相机是光进入相机内部，通过曝光形成的“影”。而现在，光是通过镜头后照射在图像传感器CMOS或者CCD中，并将光信号转变为电子信号，最终由数码相机记录下来。因此，图像传感器对成像质量的影响是很大的，尤其对画面的质量起到至关重要的作用。关于CCD，我们一般称为电荷耦合器件，与CMOS的作用是类似的。我们在影视摄影相关技术理论部分，会详细阐述CCD和CMOS的区别。

2.4.2 像素

像素是构成一幅画面的基本单位，我们可以将其理解为构成画面的一种网格。所有的影像都是由这样的网格编织而成的，每一个交织而成的格子就是一个像素点。像素越高证明图像的可放大比率越大，但不一定图像的质量（清晰度）越高。

2.4.3 变焦

在数码相机中，所谓的变焦主要有两个方面：一个是光学变焦，一个是数码变焦。光学变焦是通过移动镜片组，改变镜片间的距离来实现被拍摄景物、人物的放大和缩小。一般情况下，镜头变焦越长，镜头也就越长。而数码变焦是采用数字放大的形式，将原有的图像进行放大，从而从形式上实现所谓的“变焦”效果。数码变焦和光学变焦在原理上存在明显的不同，实际上的效果也存在很大的差异。很多数码产品，例如手机在宣扬自己具备50、100倍数码变焦时，吸引了不少消费者的目光。而实际上，我们应该清晰地认识到，数码变焦最多可称为一种对光圈变焦的补充，从画质的角度上看，是不能与光学变焦媲美的。

2.4.4 手动设置

数码相机具备相当强的自动功能，包括在色彩控制、曝光等方面都有较好的表现。从专业摄影的角度来看，摄影师往往需要针对创作实际更改相关设置。现在的数码相机，尤其在专业级以上的数码相机中，曝光、聚焦等基本指标都可以进行个性化的设置，以满足摄影创作的需要。

2.4.5 显示屏

显示屏目前在数码相机中十分常见。它除了辅助进行取景、浏览图像和显示菜单外，还为视频拍摄提供了构图方面的辅助作用。摄影师通常在拍摄时，将各类参考指标、标识开启，例如参考线，光圈、感光度等数据指标显示出来，以辅助拍摄工作。

2.4.6 续航能力

续航能力对数码相机来讲是十分重要的，尤其在进行户外拍摄时，如果遇到相机没电，是十分尴尬的事情。目前，随着数字技术的不断发展，数码相机的电池容量已逐渐提升。近年来，随着移动电源技术的成熟，很多数码相机可使用充电宝等移动电源为其供电，充电盒等便携设备也逐渐增多，数码相机的续航问题得到有效的改善。（如图2-1所示）当然，这里我们还是需要提示一下广大摄影初学者或者非专业人士，在外出拍摄时，应根据拍摄需求，携带2—3块备用电池，在有电池盒手柄（如图2-2所示）的数码相机中尤其要注意对备用电池的储备，切莫因为电池盒的储备充足而忘记电池储备。因为在佳能一类的电池盒手柄中，常常出现兼容电池故障的情况。具体来说就是非原装电池在工作中，会出现因为不兼容问题突然停止工作的情况。如果此时我们没有备用电池，将直接影响拍摄工作的顺利进行。

图2-1 佳能5D4相机电池充电器、便携充电盒（带SD卡存储功能）

图2-2 佳能R5相机BG-R10手柄

2.4.7 存储卡

现在的数码相机一般采用SD、CF、MS等记忆卡存储照片和视频。在这些存储卡中，SD卡较为常见。CF也是较常使用的一种，不过，CF卡由于其设计原因，容易出现记忆卡和卡槽接触时的偏离现象。大家在安装CF卡时，一定要看准两头：一头是CF卡下方的“卡洞”，另一头是卡槽里的类似针状的接触点。（如图2-3所示）

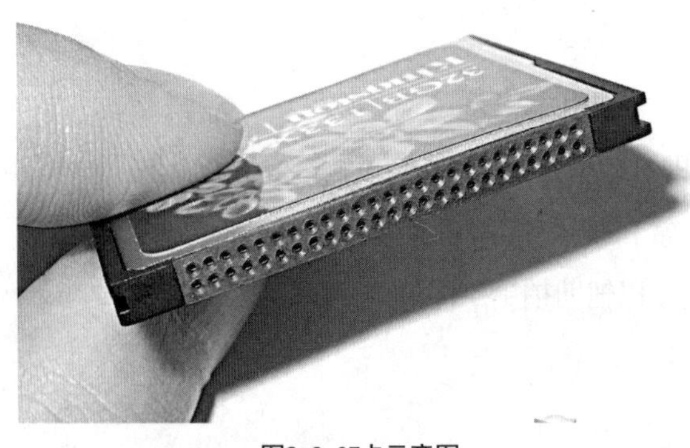

图2-3 CF卡示意图

除了卡的类型外，我们还需要关注卡的存储和读取速度问题。特别是在进行高画质的记录以及高清、超高清视频拍摄时，对卡速的选择是十分要紧的问题。这在后文我们还会进一步说明。

2.5 数码相机的基本操作技巧

2.5.1 拍摄模式的选择

AUTO自动挡：也叫全自动挡，大部分的操作均由数码相机根据程序设计进行，拍摄者只需要进行简单构图并按下快门即可。这种模式一般适用于初学者，或者新闻纪实作品的拍摄使用。

A挡（光圈优先）：光圈优先是常用的一种拍摄模式，可以很好地控制景深。当摄影师采用光圈优先时，相机会根据测光情况自动匹配一个较为恰当的快门速度，以保证比较准确的曝光。

S挡（快门优先）：在速度优先的情况下，摄影师可以控制的是快门速度。快门优先一般是在需要控制速度的情况下使用，比如拍摄高速运动的物体或者雨滴、流水等。

P挡（程序挡）：P挡是指“程序自动”模式，这种模式下摄影师不需要自己来按下快门设置参数，相机会自主选择一个最接近当前场景的模式来设置相关参数。当然，还有一种观点认为，P挡是“半自动挡”，数码相机会自主设定光圈和快门，摄影师可自主控制曝光控制、白平衡等参数。

2.5.2 白平衡的调节

白平衡问题是在数码相机拍摄中无法回避的问题，之所以在传统胶片中不存在这一问题，主要是因为传统相机是采用曝光的方式将光直接作用于胶片。数码相机没有胶片曝光的过程，只存在光信号向电子信号转变的过程。因此，数码相机在工作时，它本身是无法区分光的颜色的，如果要正确反映被拍摄对象的色彩，就需要设置相机中的指标——色温。色温即色的温度，是说明热辐射光源光谱成分的重要指标。通常情况下，色温越高，色彩越偏蓝；色温越低，色彩越偏黄。而白平衡则是一种数码相机上的一种操作，主要的作用就是通过白平衡将光源色温与相机内标定的平衡色温一致，使图像对被拍摄景物的色温有一个正常的还原。白平衡的调节在数码相机中主要有两种：一种是自动调节，另一种是手动调节。在手动调节的过程中，我们可以采用白卡进行辅助调节。具体的操作就是摄影师顺光拍摄白卡，然后选择相应的照片作为白平衡校正的标准参照物，照相机会自动进行白平衡的校正。这里提到的“白卡”其实是一种标准白色卡片，也叫色温卡，是专门用于色温校正的。当然，在数码相机色温校正的过程中，18° 灰板也是可以使用的。

2.5.3 曝光补偿的设置

曝光补偿主要用于手动更改曝光量，也就是我们说的EV值。加大曝光补偿，可以使照片变亮；减小曝光补偿，可以使照片变暗。当我们在进行逆光拍摄时，适当地增加曝光补偿，可以有效地补充曝光的不足。当然，这里要特别注意，曝光补偿不可以乱用，以免造成画面过暗或过曝，还有产生噪点的可能。

2.5.4 图像质量的设置

数码相机中对图像质量的设置主要体现在图像大小、尺寸、锐度、反差、色调、饱和度等参数上。我们可以根据实际情况进行调整，也可以就当中的某一个或几个指标进行设置。当然，我们这里需要提醒大家注意的是，不要轻易在前期对色彩等指标进行调整，后期可以通过相关软件进行系统处理。特别是摄影初学者，不要轻易尝试在前期拍摄时更改色彩相关指标。

本章思考与练习题

1.数码相机的主要性能指标有哪些？

2.如何进行图像质量的设置？

第3章　数字摄影控制技术

3.1　曝光技术

3.1.1　影响曝光的因素

光圈：在曝光过程中，光圈无疑是第一个影响曝光的重要因素。正如前文所讲，光孔开合的大小直接关系到进光量的大小。

快门速度：快门速度就是指在某一个光圈的曝光时长，或者说，镜头开启的有效长度。这当然也是影响曝光的因素之一。

图3-1　不同感光度的135胶卷

感光度：感光度的概念是从传统胶片相机延续过来的。所谓感光度，简单来讲，就是胶片对光的敏感程度，一般用ISO表示。在传统胶卷中，常见的有100、200、400等感光度（如图3-1所示）。而在数码照相机中，感光度的可操作范围就更广了，这在前文的一些介绍中我们可以初步认识到。

感光度在过去的胶卷中，例如135胶卷，也称作“定数”。民间曾经有过这样的说法，“定数越高质量越好”。其实，这种说法明显是错误的，一般情况下，对感光度需求较高的场景，例如阴天、夜景等往往需要更高的感光度，而并非单纯的感光度越高，质量越好，这在数码相机中，道理也是相同的。

曝光值：也叫EV值，代表能够给出同样曝光的所有光圈快门的组合。这一概念最早是在20世纪50年代德国兴起的，主要的作用是尝试用简单的方式反映等价的拍摄参数之间选择的过程。1EV对应于两倍的曝光比例，通常被称为“1挡”。

3.1.2 准确的曝光控制

准确的曝光可以使画面更加具有质感，清晰度也能得到很好的呈现。要实现准确的曝光，我们需要首先了解曝光的原理。

曝光量主要与影像平面的照度（E）、曝光时间（t）相关。我们可以用公式H=Et来表示。

曝光值0所对应的曝光时间为1s，而光圈为f1.0或其他等效的组合。如果曝光值是一定的，那么就相当于H一定，我们只需要考虑剩下的两个指标，也就是E和t。曝光值每增加1将改变一挡曝光，也就是将曝光量减半。为什么是减半而不是增加？这是因为曝光值所反映的是相机拍摄的参数设置，而不是胶片的照度。曝光值的增加所对应的是更快的快门速度和更大的f值。因此，明亮的环境或者较高的感光度应当对应较大的曝光值。

3.1.3 曝光使用技巧

在数字摄影中，直方图是非常有用的一个参考数据。直方图的横坐标表示像素的亮度，左边暗右边亮。大部分的照相机直方图从左到右分别是"很暗""较暗""较亮""很亮"四个区域。当然，也有将其分为五个区域的，无非是在亮暗层次中多加了一个层次。（如图3-2所示）

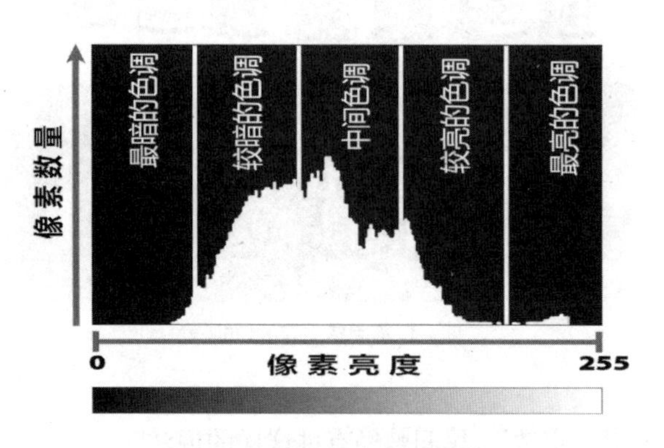

图3-2 数码相机直方图示意图

我们在实际拍摄中，要特别注意曝光值的调整，特别是在拍摄湖面、水面、镜面、雪地或者身着浅色衣物的人物时，一般强调要降一挡曝光，避免曝光过度。在摄影实践中，摄影师们常常强调"宁暗勿过"，说的就是在拍摄中，宁愿曝光弱一点，也不要曝光过度。因为暗一些，我们是可以通过后期进行处理的。而一旦过曝，后期制作人员便基本无能为力，无法修改了。

3.2 测光技术

关于测光，我们主要强调两种方式：一种是数码相机自身的测光系统，另一种是使用测光表。数码相机自身的测光系统，是数码相机内置的一套测光设备，一般是半按快门后可以激发测光部件，之后会自动给定一个相对准确的曝光参数。而测光表相对要准确和科学一些。

测光表是用于测量被摄物体的表面亮度或发光体发光强弱的一种仪器。按照测光形式的不同，可以分为入射式和反射式测光表。现有的大多数测光表，基本都具备测量入射光和反射光的功能。

测光表的基本参数：测光模式、ISO值、快门速度、光圈大小。

大部分相机内置的测光表都是"反射光测光表"。它们能测量测光表所指向的物体的反射光，并给出建议的曝光参数。在具体的测光中，还有很多测光的模式，比如，点测光、中央重点测光、矩阵评价测光等类型。

点测光就是对画面中的某一个点进行测光，假设测光点就是中央对焦点。将这一对焦点对准被摄主体，半按快门进行合焦，然后完全按下快门即可完成拍摄。如果测光点的所在位置不是中间调，则需要适当应用曝光补偿。

中央重点测光是指以画面中央为测光的主要基准，再综合画面其他的部分平均计算的一种测光方法。不同品牌机型的中央重点范围大小以及计算比重不同，摄影师可以查询设备说明书和相机菜单获知详情。

矩阵评价测光是把画面分割成数个不同区域，将各个区域所测的曝光值，经由机内的程序运算，求得最适合的光圈及快门组合。矩阵测光依厂家不同而有不同的称呼，佳能称为评价测光，美能达称为蜂巢测光。

下面介绍几种测光法。

机位测光法：是在景物亮度分布较为均匀的情况下，照相机取景方向与测光表的指向一致，之后对被摄物体进行测光，这时获得的亮度值是景物反射光的平均光值，摄影师依据这个亮度来确定曝光。

近测法：在拍摄近景或者景物中的某一部分时，将测光表接近被拍摄主体进行测量，以得到正确的曝光。

标准板测光法：在测光时，将标准板置于距离测光表约60厘米处，使标准板恰好包括在测光表角度内。

亮度范围测光法：也称为"多点测光法"，这种测光方法是分别测量最亮、中间、最暗的部分，然后取其中间值。

入射光测光法：这是测量被摄物体所受到的照度高低的测光方法，并以此计算出曝光组合。

3.3 曝光补偿

3.3.1 被拍摄物体较亮时

在拍摄较亮的物体时，例如蓝天白云，就需要增加曝光量，顺光至少增加半挡，侧光增加1挡左右。在拍摄雪景、有雾的环境时，最好补偿1—1.5挡。在拍摄背光的人像时，为了确保面部曝光，我们也需要调整补偿。

3.3.2 被拍摄物体较暗时

如果遇到被拍摄物体所处环境较暗时，可以减少2挡以上的曝光量。

3.4 景深控制

3.4.1 景深的定义

景深是指在被摄景物中能产生较为清晰影像的最近点到最远点之间的距离。或者说，景深是指被拍摄对象焦平面前后形成清晰影像的范围。

3.4.2 影响景深的因素

影响景深的主要因素有光圈、物距、焦距。光圈与景深成反比。物距与景深成正比。镜头焦距与景深成反比。当物距、焦距、光圈三个基本指标发生不同变化组合时，景深会发生相应的变化。后文我们在讲解影视摄影部分时，还将详细论述这一问题。

3.4.3 景深的控制

最小景深：最大光圈+尽可能缩小物距+长焦镜头。

最大景深：最小光圈+短焦距镜头+超焦距聚焦。

关于景深和超焦距问题，我们将在影视摄影部分详细讲述，特别是超焦距的计算问题，我们还将继续讨论。

本章思考与练习题

1.如何进行准确的曝光控制?

2.如何进行景深的控制?

3.测光的主要方式有哪些?

第4章　数字摄影用光

4.1　光线在数字摄影中的运用

4.1.1　光度

光度是光源发光强度和光线在物体表面的照度以及物体表面呈现的亮度的总称。在数字摄影中，光度和曝光直接相关。

4.1.2　光质

光质指的是光的软硬性质。一般我们将光线分为两种不同的光质，一种是直射光，能够形成明显投影的，也称作“硬光”；另一种是散射光，不会形成清晰投影，整体比较柔和，一般称为“软光”。

图4-1 伦勃朗光

4.1.3　光位

光位，即光源所处的位置。一般分为正面光、侧面光、逆光、顶光、脚光。

正面光：照明方向与照相机的拍摄方向一致。正面光比较均匀，阴影较少，难以表现被摄主体的明暗层次和线条，画面整体比较平淡。

侧面光：主要分为前侧光和后侧光，能够形成较好的立体感，影调比较丰富。人物处于“三角光”区域，光线能够很好地刻画人物形象。后侧光可以很好地表现被拍摄物体的质感，勾勒轮廓，类似于伦勃朗光的效果。（如图4–1所示）

逆光：照明方向与照相机方向相反，可以形成“剪影”的效果。

顶光：光源从被拍摄物体的顶部打下来，景物的亮度间距比较大，反差强，影调相对较硬。顶光如果照在人物身上，人物会呈现出一种前额头发亮，眼窝阴影明显，颧骨突出的形象。一般不建议采用这类光，但如果有特殊的审美或者内容需要则另当别论。

脚光：一般用在背景光的造型上。有时作为辅助光和主光处于同一个方向，主要的作用是消除人物鼻子、下巴部分的阴影。

4.1.4　光型

在实际拍摄中，摄影师常常根据光线在摄影中的不同用途将其分为主光、副光、轮廓光、修饰光等。

主光起主导作用，照度最强，可形成被拍摄对象的亮暗反差。在实际拍摄中，一般首先确定主光的强弱、位置、角度。

副光提高暗部亮度，缩小被拍摄物体的光比，改善画面的反差。副光强度弱于主光，一般根据主光的位置确定副光，布置在与主光相对应的位置上。

轮廓光主要用于勾勒被拍摄对象的轮廓，一般放在被摄物体的后方或者后侧方。

修饰光用于对被拍摄对象的局部照明，一般照度不会太强，以免影响整体的补光效果。

4.1.5　光比

光比指的是被拍摄物体的受光面和阴影面之间的亮度比，是摄影用光的重要参数。光比如果比较大，反映在摄影作品上的影调比较硬，层次少，立体感较强，反差大；如果光比比较小，在摄影作品中反映出来的就是影调软，层次丰富，立体感差，反差小。

4.1.6　光色

光色指的是光的颜色，或者叫作“色光的成分”，也就是我们在前面提到过的色温。这在后文还将继续阐述，这里暂不多讲。

4.2 光线造型的具体运用

4.2.1 自然光的造型问题

早晨和傍晚的阳光：注意拍摄的方向和高度，尽量使被摄景物呈现在逆光和侧逆光之下；注意选择前景，注意画面中的影调对比问题；注意处理好画面中的影子问题，让影子参与构图当中，形成新的审美意象。

雨天：尽量选择深色背景，注意气氛和雨线的呈现，特别注意控制快门速度；注意反映地面雨水的反光，这是一种特别的美景。

阴天：注意选择暗的前景，增加画面的透视感。注意改变曝光组合和开大光圈。

雾天：注意画面景物的选择和配置，尽可能多地展现画面的远近层次。一般可以用逆光和侧逆光，以便获得更为丰富的层次。

雪景：一般采用逆光和侧逆光，特别注意对曝光的控制。

夜景：可采用长时间曝光来使光源因自身因素的移动或地球的转动而被拉成线条状，例如汽车的尾灯；有意地减少曝光，使天空发暗，地面景物发黑，从而保留夜景的氛围。

4.2.2 人工光的造型问题

人工光在造型中主要有侧光、平调光、轮廓光三种效果，在布光的过程中，要注意布局的合理，主光光位的统一，避免出现表面光线杂乱、多个灯影的情况。

4.3 光线造型效果与处理技巧

4.3.1 降低反差的方法

在直射光的情况下，被拍摄景物光比较大，当采用侧光或者逆光照明的时候，画面间的反差就更加明显了。为了降低画面的反差，在用光时，我们可以采用增加补光、增加滤光镜，以及调节曝光量的方式加以解决。

4.3.2 提高反差的方法

要提高反差，可以使用人工光作为主光来照明，也可以使用滤光镜来调节，还可以通过调节曝光量来提高反差。

本章思考与练习题

1.在摄影工作中，如何利用人工光进行造型？

2.提高反差的具体方法有哪些？

3.什么是光比？如何提高光比？

第5章　数字摄影构图

5.1　摄影构图的概念

从狭义上看，摄影构图就是摄影师为了表现作品的主题思想和美感，在一定空间内进行取舍的过程；而从广义上看，摄影构图是摄影师从选材、构思到造型体现的创作过程，概括了从内容到形式的全部组合。

5.2　摄影构图的任务

摄影构图的任务是最大限度地满足摄影师的创作构思，更好地表达作品所要传递的思想，使其更有艺术性和感染力，呈现出鲜明和强大的视觉冲击力。

5.3　摄影构图的一般规律

在摄影构图中，要特别注意画面内各部分之间的均衡问题。这种均衡是人与物、动物与植物、运动与静止、深色与浅色、粗与细、大与小、远与近、鲜艳与暗淡之间的平衡。

画面内的元素可以是多样的，但务必统一于一个总的内容或者基调，如果构图呈现出多而杂，变化多而无统一的方向和趋势，就会显得杂乱，进而丧失美感。

5.4　摄影构图的要素与基本法则

5.4.1　构图的基本要素

主体，即画面表现的主要内容，是画面内容上的中心。我们在拍摄一幅作品时，首先要考虑的就是主体的位置和布局问题。要突出主体的位置，在构图中有很多方法。我们需要注意的是，所谓的几何中心构图、趣味中心构图，确实可以突出主体，但不得不说，构图首先要考虑的是内容的传达，不一定要照本宣科。

陪体在画面中的主要作用是陪衬主体，起到均衡画面、美化画面、渲染气氛的作用。

前景，位于主体之前，可以起到均衡画面、美化画面、渲染气氛的作用。选择好的前景，有助于更好地传达主体的美感。（如图5-1所示）。

图5-1 将春节期间景区（部分）福字作为前景的人像摄影作品（摄影 付斌）

背景，原则上讲，应当是简洁的。一般不可以出现背景“喧宾夺主”的情况。摄影师对背景的选择应当注意以下几个问题：第一，背景的选择应当注意交代地域特征、时代特征和季节特征；第二，反映被拍摄人物的工作特点，说明事件发生的时间地点；第三，增加现场感，做到一目了然；第四，加强画面的真情实感，强调对主体的渲染和烘托。

摄影师在拍摄时，适当地留白是必要的，切忌在构图中将画面充斥得过满。画面中的空白可以突出和表现主体，传递画面的意境，表明主体的运动方向，有利于呈现画面的均衡。

5.4.2 构图的基本法则

第一，对比。所谓的对比有大小、形状、明暗、方向、情绪、观念之间的对比。我们在摄影创作中，要学会发现上述一些形成对比的因素，巧妙地运用并传达美。笔者曾拜访世界第一高塔——阿联酋迪拜塔，观景结束后，目睹亮丽塔身与夜色的明暗对比，拍下了一张照片（如图5-2所示），由于大角度仰拍，明暗对比强烈，很好地呈现了迪拜塔的高大。

图5-2 夜色中的阿联酋迪拜塔（摄影 付斌）

第二，节奏。这里的节奏和音乐中讲的节奏不太一样。我们在构图中强调的节奏，指的是画面内相同或相似的因素，有次序的重复或有规则的交替所产生的视觉印象。例如，在中轴线上的重复形成的节奏、线条律动的节奏、交替形成的节奏以及辐射形成的节奏。（如图5-3所示）

图5-3 迪拜Dubai Mall室内装饰的重复性节奏（摄影 付斌）

5.5 视点、角度、取景范围的选择

5.5.1 视点的选择

视点的选择，即拍摄点的选择，是十分重要的。在不同角度看到的被拍摄对象是完全不同的。我们在选定视点时要注意距离、方位、角度三个基本要素。通常，一幅优秀的作品往往需要将三者有机地结合起来。

5.5.2 角度的选择

角度的选择无非是平拍、仰拍和俯拍。关于这三种角度的优缺点，我们在影视摄影中会详细论述，这里先谈一下仰拍的问题。仰拍有助于强调被拍摄对象的高度，可增强画面的视觉冲击力和艺术表现力。（如图5-4所示）

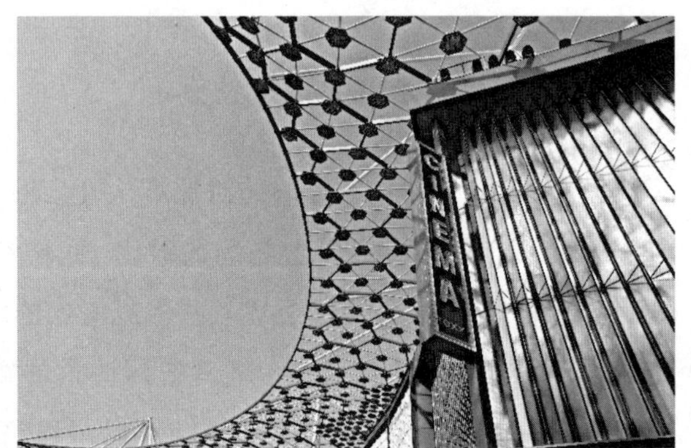

图5-4 不同拍摄角度下的商场（摄影 付斌）

5.5.3 取景范围的确定

取景范围在构图中也就是指景别。我们通常提到的景别，主要是指被摄主体在画面中所呈现出的大小和所处范围。主要的景别有远景、全景、中景、近景、特写。不同景别的属性

是不同的，也就意味着不同景别适用于不同的内容表达。关于景别的问题，我们在后文影视摄影构图部分会详细地阐述。

本章思考与练习题

1.摄影构图的作用是什么?

2.拍摄角度的变化对画面效果的影响体现在哪些地方?

3.如何理解基本构图方式与创意的关系?

下编
数字影视摄影技术

第6章 数字高清、超高清影视摄影概述

现代电子摄录设备是摄像工作不可或缺的物质基础，摄像机是每个摄像工作者的工具和武器。所谓“工欲善其事，必先利其器”。摄像机不仅是电视节目、视频制作过程中最主要、最基本的设备，也是决定影视作品技术质量的前提和关键。摄像机基于摄影摄像器材的光—电转换原理和电视技术中的电子扫描原理，将镜头所摄取的光信号经由感光元件转换为相对应的电信号，这些电信号再经过一系列的编码处理后，合成为标准的彩色视频信号。

当摄像机所获取的彩色视频信号被送至录像机的视频输入端，所摄图像就以数字的形式记录于存储介质中。如果通过视频传输电缆将这些彩色视频信号传送至电视监视器，或将其通过彩色电视发射系统发射出去并被一定距离内的电视机所接收，我们就能看到摄像机镜头所拍摄的图像，也就是电视画面。同样，当这些图像以光缆和其他通信方式传输到受众接收端时，我们便可以在PC端、手持设备上看到视频画面了。

摄像机的技术发展历程，经历了真空管、晶体管和集成电路、微电子固体摄像器件等阶段。然而，不管摄像机的具体型号如何、装备怎样，它的基本结构和基本规律都是相同的。

通常，摄像机是由光学系统、光—电转换系统、图像信号处理系统、自动控制系统等组成。摄像机的光学系统是由变焦距镜头、色温滤色片、红绿蓝分光系统组成的，可以得到成像于各自对应的摄像器材靶面上的红（R）、绿（G）、蓝（B）三幅基色光像。具体情况，我们可以来看一看图6-1。

光线要进入摄像机镜头，只有当色温滤色片将外界的光转换为3200K（或者其他）后，才能进入摄像机。摄像机是以3200K（室内白炽灯）作为标准的，所输入的红、绿、蓝三个基色电压相等时，荧光幕上才能呈现出基准白光。如果同一物体照明的色温不同，就会产生色偏差，因此，在镜头后与棱镜之间安装滤色片，才能实现不同色温下色的还原。

而摄像机光—电转换系统则是将成像于靶面上的光信号转换成电信号，然后经图

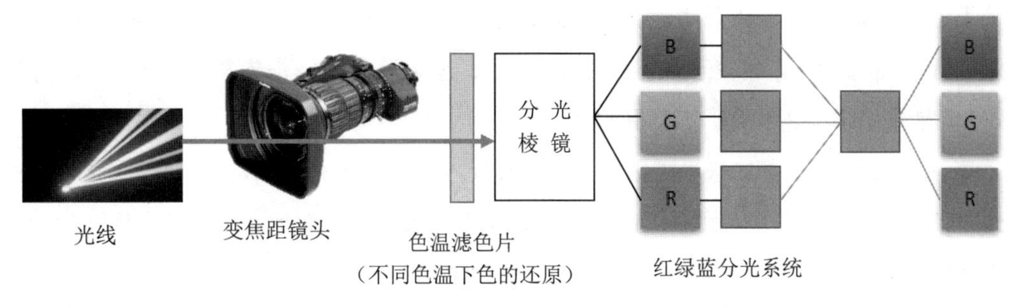

图6-1 摄像机光学系统示意图

像信号处理系统放大、校正和处理，并同时完成信号编码工作，最终形成彩色全电视信号输出。

在摄像机开始拍摄之前和拍摄过程中，还需要做很多调整工作。为了用户操作方便，一般的摄像机上还有自动或电动控制装置，如自动白平衡调整、自动黑平衡调整、自动光圈、电动变焦距、自动增益控制、自动聚焦等装置。除上述几个主要工作系统外，摄像机还有一些附属部件，主要有寻像器、彩条信号发生器、交流电源、直流电源等。

随着科学技术的不断发展和元器件的不断更新换代，摄像机的种类和用途也越来越多。由于摄像机品种较多、生产厂家各异，因此分类的方法也不一样。有时候，同一类摄像机会出现许多不同的名称，以下介绍几种主要的分类情况。

根据主要适用领域分类，摄像（影）机可分为电影级摄像（影）机和广播电视级摄像（影）机。

电影级摄像（影）机可分为：胶片摄影机和数字电影级摄像机。

根据不同的胶片规格和画幅比例，胶片摄影机可分为8毫米、16毫米、35毫米和70毫米摄影机。

8毫米摄影机，即胶片规格为8毫米的电影摄影机。8毫米摄影机轻巧方便，操作便捷，但画质较差，一般在业余领域使用。

在没有电视录像机之前，电视领域的外拍画面主要采用16毫米摄影机。电影故事片领域有时也采用16毫米摄影机拍摄。

从20世纪90年代开始，电影故事片领域出现了超16毫米的电影摄影机。这种超16毫米的摄影机是专门为拍摄可最终放大画面比例到1∶1.85的35毫米非变形宽银幕（遮幅宽银幕）影片所设计的。

超16毫米摄影机与普通16毫米摄影机基本相同，只是在片门位置进行了改变，将原来1∶1.33的画幅比例的片门改进成1∶1.85的画幅比例。超16毫米摄影机所采用的胶片就是普通的16毫米电影胶片，其他方面也与普通16毫米摄影机相同。超16毫米摄影机在使用广角镜头拍摄画面时，需要特别注意防止画面的四角形成挡角，影响画面质量。16毫米电影摄影机简化了摄制工作，相较于35毫米摄影机来说，更为轻巧灵便。张艺谋的电影《秋菊打官司》就是采用超16毫米摄影机拍摄的。

一般来讲，使用超16毫米摄影机拍摄的底片，1∶1.85的画幅比例是通过画面横向扩展到声带位置获取的。在实际的摄制工作中，超16毫米摄影机有效地利用了胶片面积，由于声带位置被占用，这类影片没有声音。因此，要实现声画一体，超16毫米摄影机必须扩成35毫米摄影机，最终拍摄出的电影基本等同于普通35毫米遮幅宽银幕电影。

35毫米摄影机是目前故事片领域最常用的电影摄影机，其画幅比例有如下几种：

第一种为普通35毫米电影，画幅比例为1∶1.33或1∶1.375，这种画幅比例的电影很少见。

第二种为遮幅宽银幕35毫米电影，画幅比例为1∶1.66或1∶1.85，1∶1.66画幅比例的遮幅宽银幕电影现在已不常采用了。目前电影领域最常见的画幅比例是1∶1.85。

上述两种画幅形式在实际拍摄时，均采用普通35毫米摄影机匹配的光学镜头来拍摄。不同画幅的摄影机只是在摄影机片门的画幅比例上有所区别。如遮幅宽银幕实际上是将普通35毫米的画面上下部分做了遮挡，使原来画幅比例为1∶1.33的普通35毫米电影改进成1∶1.85的画幅形式，不过这种改进是以牺牲底片上下的有效面积为前提的。遮幅宽银幕俗称“假宽银幕”。

此外，还有一种35毫米宽银幕电影，其画幅比例为1∶2.35。这种画幅形式的电影在拍摄时需要采用专门拍摄宽银幕用的变形镜头来实现，底片上记录影像的面积与普通35毫米的电影一样，只不过底片上所记录的影像已经是变形了的。所以，在放映时也需要采用专门放映宽银幕用的变形镜头才能完成正常放映。

目前在一些大制作的电影故事片或者对画面影像质量相对要求较高的影片中，经常会采用70毫米电影摄影机来拍摄。70毫米摄影机拍摄的画面影像质量较高、画幅宽，可以更充分地展现宏大的影像内容。

上述四种类型的摄影机是以胶片规格和画面的画幅比例来划分的。胶片规格不同，最终在底片上所形成的画幅也有所区别。不同规格的胶片需要采用不同的光学镜。比如，16毫米摄影机的标准镜头焦距是25毫米，35毫米摄影机的标准镜头焦距是50毫米，70毫米摄影机的标准镜头焦距是100毫米。标准镜头焦距的不同，导致这一类型摄影机所匹配的镜头系列也有很大区别，在实际拍摄中需要加以注意。

除了上述的分类之外，电影级摄影机按具体拍摄用途划分，还可分为特技摄影机、高速摄影机、字幕摄影机、延时摄影机、显微摄影机、水下摄影机、航空摄影机、立体电影摄影机、环幕电影摄影机等。

数字电影级摄像机是近年来电子、影像和信息尖端技术融合的产物。其主要特点包括全数字拍摄记录、高质量高分辨率图像格式、多种拍摄速率选择、可使用传统电影镜头、外形设计和使用方式与胶片摄影机接近等。目前技术指标已经达到或接近35毫米胶片水平，因此也可以称为数字电影级摄影机。

数字电影级摄像机的感光元件多使用高分辨率的CCD、CMOS等。由于其单位时间内的数据量极其庞大，因此多使用高带宽的数字视频录像机、半导体随机存储器（闪存）、硬盘等数字媒体来进行记录存储。

近年来，采用数字电影级摄像机进行前期拍摄的影片越来越多，在影像质量、应用范围、工作效率等方面表现出了极大的优越性。可以说，数字电影摄影技术代表了未来电影制作的发展方向。

数字电影级摄像机代表了影像获取科技的最高水平，成为近年来各大摄影摄像设备制造商争相抢夺的制高点。在各种产品和解决方案中，既有老牌传统摄影机和电子摄像机制造商的高品质尖端产品，又有异军突起的新兴科技公司研发的性价比优良的产品和解决方案，充分体现了信息技术发展给影视行业带来的强大推动力。

当今数字电影级摄像机的典型代表有如下几种：

首先，德国阿莱公司推出的ARRI D21、ALEXA。

ARRI D21是阿莱公司2008年推出的、经过多年研发改进的旗舰级数字摄影机，其前身是2005年推出的ARRI D20。其外观、附件和使用方式非常接近传统摄影机，定位于高端电影制作。

2010年4月，阿莱公司推出了新一代紧凑型数字摄影机ALEXA。其设计理念前卫、功能实用、性能可靠、升级潜力大，一经问世便受到广大用户的好评，成为当年无可争辩的明星产品。

其次，日本索尼公司推出的产品。

日本索尼公司是视频摄录像技术研发和设备制造的领导者，早在20世纪70年代便开始深耕高清晰度电视技术的研发和应用。从1998年开始，索尼推出数字高清摄像机HDW-F900以及CINEALTA系列产品，并在乔治·卢卡斯的《星球大战前传II：克隆人的进攻》（2002）中获得了成功的应用，从而确定了数字摄影器材的领先地位。此后，索尼相继推出F950、F23、SRW9000等高端摄影机，以及HDCAM-SR格式的高码流视频录像机，并与美国PANAVISON公司合作推出了Genesis超35毫米的数字电影摄影机，成为当时“最先进的数字摄影机”。

2008年，索尼在Genesis的基础上，推出了自己的35毫米的全画幅摄影机F35，并一改过去摄影机的B4镜头接圈，变为PL镜头接圈，从而能够兼容传统摄影镜头，并沿用F23和 Genesis使用的SRW-I便携式高码流录像机，以HDCAM-SR格式，记录RGB4∶4∶4的高质量高清影像。

最后，美国RED数字电影技术公司推出的RED ONE、EPIC。

2007年，美国的RED数字电影技术公司推出了世界首部4K分辨率的数字摄影机RED ONE，并以其前卫的设计理念、超强的性能表现和令人难以置信的低廉价格，引发了世界轰动，带来了抢购的狂潮。 RED ONE的核心技术是用基于小波压缩算法的有损压缩编码，将原本超大带宽的数据，采用RAW文件的形式，以极低的码流记录在CF卡和普通硬盘这类民用存储媒介上，以最大限度降低拍摄和后期制作成本。经过业界多年使用，包括著名导演彼得·杰克逊监制的《第九区》（2009）和迪士尼电影《加勒比海盗》（2011）等一系列电影的成功实践，证明这样的设计思路是可行的。

根据摄像机的性能和用途的不同，可分为广播电视级摄像机、业务级摄像机和家用级摄像机。

广播电视级摄像机的各项技术指标为最优，图像质量最好，适合各级电视台在演播室和现场节目制作的场合中使用。与家用级摄像机相比，广播电视级摄像机通常体积大、重量重，且价格也较高。

业务级摄像机价格适中，较为小巧轻便，在图像质量和功能设置上与广播电视级摄像机有一定的差距，主要采用的元器件质量等级不同，适合于电化教育、工业记录、医疗记录以及一些简单新闻现场的采集等摄像工作。

家用级摄像机通常为经济、小巧、操作简便的摄录一体机，功能和指标都低于广播级和业务级，主要供家庭生活摄像和图像质量要求不高的一些影像制作使用。

根据使用的场景不同，摄像机可分为演播室拍摄用座机和室外拍摄用便携机两类。室内座机一般体积大，使用220V（交流电）电压；便携机则轻便许多，工作时交流电、直流电均可使用。

根据摄像机所用的光—电转换器件的不同，摄像机可分为传统的电真空器件（光电导摄像管）摄像机和新型的电荷耦合器件（CCD）摄像机两大类。

20世纪末，世界各国先后开始了从模拟电视向数字电视的转换，电视制作技术由模拟方式转为数字方式，电视摄像机也由模拟的磁带记录方式转为数字磁带、数字光盘或硬盘记录方式。电视制作系统的数字化给电视节目制作、传输乃至播出都带来了革命性的变化。进入21世纪，数字化基础上的高清晰度电视的出现，使电视摄像机的图像质量和声音又有了明显的提高。数字标清摄像机拍摄的画面像素为720×576，而数字高清摄像机拍摄的画面像素为1920×1080[①]，画面总像素提高了5倍；与此同时，画面图像的高宽比也由普通电视的4∶3变为高清晰度电视的16∶9，其视觉形式和画面呈现形式发生了很大的变化。

电视摄像机的技术特点有哪些呢？

首先，摄像机是能够以“光—电—光”的方式完成图像转换过程的一种高科技电子设备，因此，其作品是能够“立等可见”的。

其次，摄像机具有色温滤色装置和黑、白平衡调整系统，因此对操作和摄录工作提出了一些要求。摄像机根据3200K的色温来规范基本光谱特性和标准工作状态，因此，摄像机在处于不同色温的照明条件下拍摄物体时，会发生偏色现象。所以，诸多制造商会通常在镜头与分色棱镜之间安装色温滤色片，利用光谱响应特性来补偿由于色温不同而引起的光谱特性变化。例如，5600K的滤色片呈橙色，可以有效降低蓝光的通过率，从而保持总的光谱特性不变，并使被摄体的色温恢复到3200K。想要保证正确的色彩还原，使处于摄像机色温3200K的基准，所输出的红（R）、绿（G）、蓝（B）三路电信号应相等，适当调整白平衡。因此，当光源色温发生变化时，必须调整机内的白平衡（分手动、自动两种）。黑平衡[②]调整也很重要，如果红、绿、蓝三基色视频信号的黑电平不一致，也会出现黑非纯黑、偏向某色的情况，必须加以调整，以取得黑平衡。色温预置和黑、白平衡调整是摄像机操作的重要工作环节。

再次，电视摄像的宽容度通常为1∶32，即相对规定了摄像机所能正确反映景物的最高亮度与最低亮度之间的范围比例。由于摄像机光电靶面按比例正确记录景物亮度范围，因而对照明处理和曝光控制提出了严格的要求。黑白电影的宽容度为1∶128，彩色片的宽容度为1∶64，均大大高于电视。电视摄像的宽容度值是电视造型艺术中的最低值，小于1∶32就将无法再现自然界景物的真实感觉，所以电视屏幕的影调层次不如电影好。对于过亮或过暗的景物，以及被摄景物亮度间距过大等情况，用电视摄像机直接表现会有一定的难度。尽管数字高清晰度电视摄像机在画面色彩、影调、影像清晰度等方面有

---

① 隔行扫描主要应用于电视信号的发送与接收中。它的特点是把每秒传送25幅（帧）画面用每秒传送50次的方法来消除闪烁感，即一面传送两次，第一次扫描奇数行，第二次扫描偶数行，因而称为隔行扫描。采用这一制式的缺点是画面清晰度稍差，且有轻微的闪烁感。相对应的一组概念是逐行扫描，逐行扫描主要应用于计算机的显示器中。由于显示器不受电视台的发送方式限制，因而被广泛采用。逐行扫描就是每幅画面按1、2、3……行的顺序扫描完成一幅画面。为了提高画面的清晰度，消除闪烁感，还可以增加扫描线数，目前显示器的扫描线数一般为768行，画面非常细腻、清晰。

② 黑平衡是摄像机的一个重要参数，它是指摄像机在拍摄的画面没有亮度时，输出的3个基色电平应相等，使在监视器屏幕上重现出黑色。一般有自动、手动等模式。因为调整过程要在无光情况下进行，所以自动调整时会自动关闭光圈，若光圈无法控制，需要用户手动盖上镜头，否则调整结果不准确。手动模式可以按R、G、B各个通道或整体调整黑基电平。

了很大的进步，但目前还没有全面超过数字高清晰度电影摄像机的影像效果。同时，由于电视摄像机记录影像的宽容度较小，因此比较适合散射光条件下的物像记录；而电影摄影机由于胶片记录的宽容度较大，能够适应较强光线反差[①]条件下的物像记录。

最后，数字高清晰度摄像机与数字高清晰度电影摄像机相比，包括与数字标清摄像机以及模拟系列摄像机相比，画面景深小，拍摄时如果调焦不准，画面清晰度就会受到明显的影响；拍摄运动物体时，如果镜头摇动或移动过快，画面也会受到明显的影响。

通过前面对摄像机成像原理、构成与分类、技术特点的了解，我们对摄像机有了初步的认识，下面，分析数字高清影视摄影。

数字影视诞生于20世纪80年代中期，数字技术是伴随着计算机技术的飞速发展，而被引入传统影视中的。许多传统影视制作方式无法完成的镜头效果，借助计算机技术即可完成。目前数字影视技术的运用已非常成熟，创作人员已从过去单纯地运用数字特技逐渐转化为将其与传统摄制、传统特技互相交融。

6.1 认识数字时代的影视制作

6.1.1 何谓数字电影

从电影的制作工艺、制作方式，到发行和传播方式的全过程均实现了数字化，即可被视为完整意义上的数字电影。

数字电影与传统电影相比，最大的区别是不再以胶片为储存介质，以拷贝为发行方式，而是以数字文件发行或通过网络、卫星等形式将文件直接传送给影院、家庭等终端用户。数字化播映是由电子放映机，依托于宽带数字存储技术来实现的，具有高亮度、高清晰度、高反差的特点。

数字电影技术将图像分解为像素[②]这一最小的单元，然后再将其重新组合，以改变

---

① 反差又叫密度差，是指负片或照片影像的黑白密度差别、被摄景物的明暗差别。明暗对比大，则说明反差大。当反差大时，说明照片是硬调的。

② 从定义上来看，像素是指基本原色素及其灰度的基本编码，通常以像素每英寸PPI（Pixels Per Inch）为单位来表示影像分辨率的大小。数码影像具有连续性的浓淡阶调。我们若把影像放大数倍，会发现这些连续色调其实是由许多色彩相近的小方点所组成的，这些小方点就是构成影像的最小单元——像素。这种最小的图形单元在屏幕上通常显示为单个的染色点。越高位的像素，其拥有的色板也就越丰富，也就越能表达颜色的真实感。需要注意的是，像素仅仅是分辨率的尺寸单位，而不是画质。也就是说，分辨率高并不一定画质好，因为像素高只是代表能冲洗更大幅面的照片，而画质和数码相机的感光元件（相当于过去的底片）的大小有关，感光元件越大，能记录的图像细节也越多，画质当然也就越好，反之则越差。所以，在选购数码相机的时候不能光看像素，也要留意感光元件的尺寸。

或重建某一部分的影像和情景，从而拍摄出一般摄影方法无法实现的扣人心弦的镜头。

数字影视借助3D动画技术，让人们根本分辨不出摄影机到底在如何运动，甚至弄不清楚摄影机是否存在。早在2002年由美国哥伦比亚公司投拍的电影《蜘蛛侠》中，摄影机围绕主人公蜘蛛侠做出任意方向的360度旋转跟踪拍摄，起起落落，让观众感觉自己好像也要飞了起来。这些看上去让人感到惊险刺激而又特别真实的运动画面，就是将背景与人物分别拍摄后利用数字技术合成出来的。下面我们就来看一看这部电影的一些画面。

《蜘蛛侠》的创作者首先用照相机拍摄了近8000张纽约高楼照片，通过扫描将照片录入电脑，经过反复校色和调整比例、修改变形、线条处理等来做3D合成的背景，再对纯绿色背景前的实拍演员进行抠像（在做抠像时运用一种小型的气垫式空气动力特殊装置，使演员在拍摄飞行等动作时可以自如运动），这样就使合成出来的画面很难被公众看出破绽。

图6-2 2002年美国哥伦比亚电影公司投拍的《蜘蛛侠》剧照

6.1.2 何为数字电视

数字电视（Digital Television，简称DTV）是指从电视节目采集、录制、播出到发射、接收等过程全部采用数字编码与数字传输技术的新一代电视，是运用数字技术把电视节目转换成数字信息（0，1），以码流形式进行传播的数字形态，综合了数字压缩、多路复用、纠错掩错、调制解调等多种先进技术于一身。

（1）数字电视与模拟电视相比有以下特点：

A.高清晰度的电视画面。数字电视画面的清晰度基本上可与DVD-9媲美。

B.优质的音响效果。数字技术使数字电视的音响效果更为逼真。

C.便捷的节目指南。电视节目指南使用户快速找到自己感兴趣的频道。

D.具备抗干扰功能。数字电视受其他电器设备的干扰很小，因此画面更为稳定。

E.具备多扩展功能。除基本功能外，机顶盒还有很多其他功能，如上网点播、回放等。

F.数字电视清晰度（线数）最低为1280×720线，最高为1920×1080线。

G.数字电视的音质为CD音质。

H.数字交互服务能提供多种形式的数字服务和交互服务，让用户对多样的信息服务有一定选择性和能动性。

（2）数字电视的分类

A.按信号传输方式进行分类，可分为卫星传输（卫星数字电视）、地面无线传输（地面数字电视）、有线传输（有线数字电视）。

B.按产品类型进行分类，可分为一体化数字电视接收机、数字电视显示器、数字电视机顶盒。

C.按清晰度进行分类，可分为标准清晰度数字电视（图像水平清晰度大于800线，即HDTV）、低清晰度数字电视（图像水平清晰度大于250线）。

D.按显示屏幕幅型进行分类，可分为4∶3幅型比和16∶9幅型比两种类型。

E.按扫描线数（显示格式）进行分类，可以分为HDTV扫描线数（大于1000线）和SDTV扫描线数（600—800线）等。

6.1.3 我国数字高清、超高清在制作影视节目中的应用

2004年是国家广电总局确定的数字发展年，我国数字影院的快速发展和高清电视频道的开播，有效地推动了我国高清晰视频技术与电影数字技术的结合。

高清技术是电影与电视的融合。我们应不断地探索高清新技术设备、摸索出适应“高清晰影视节目制作”的新工艺、新技术。

首先，前期摄录技术必须为高清影视节目制作提供可靠的保障。

其次，必须提高高清后期非线性编辑系统的技术质量和工作效率。

最后，必须满足高清影视节目的声音质量要求。比如，建设多声道的数字混录棚。多声道的数字混录棚，应按照杜比试验室的技术要求，在监听配置上选用两种系统，即影院远场监听系统和近场电视监听系统。这样录音师就能够根据不同的需求选用适当的监听系统，从而把握节目制作的效果。配备多声道的数字调音台。

目前，我国的4K影视节目制作处于初级阶段，存在的问题比较突出。

第一，内容制作滞后于技术发展。

国内4K内容制作主要集中于央视、北京台、上海台、江苏台等电视台的初步尝试，制作4K内容的民间制作机构较少。4K制作周期长、数量少，尚未形成规模，现阶段无法支撑4K频道的播出要求。

第二，现有传输系统无法满足4K传输要求。

4K超高清电视所需的传输数据量是普通高清电视的8倍以上，因此，无论在有线、无线还是卫星中传输，都需要对现有的传输系统进行升级改造，并配置4K接收终端。这一方

面会增加接收成本，另一方面对于本已非常紧张的广播电视传输带宽来说，是一个巨大的挑战。

第三，缺少发展超高清电视的统一标准。

目前，国际上有十余个标准组织针对4K/超高清/HDR制订了近百项标准。我国的超高清电视发展既要考虑支持民族工业与自主知识产权，又要考虑同国际标准接轨。

第四，缺乏统一的发展规范。

目前，一些地区和城市陆续开办了超高清电视节目，主要依托于IPTV、网络电视和有线电视系统。据了解，这些节目中存在内容大量依靠进口、技术质量不达标以及未经申报批准等突出问题。因此，建议广电总局出台规范4K超高清发展的指导性文件，在IPTV、网络电视、有线电视、地面电视以及直播卫星中，开办4K超高清电视节目，严格按程序报批。

第五，4K HDR技术生态环境是与高清、4K SDR共存的时代。

在当前以高清内容为主、兼容4K制作的阶段，HDR技术在适配时效性强的现场电视转播流程中，需要同时兼容高清直播、4K HDR录制功能。

数据统计显示，目前全球范围内共有7个国家，包括法国、德国、加拿大、韩国、日本、美国、丹麦开通了共计12个4K超高清有线电视频道。

6.1.4 高清与标清在技术表现上的区别

高清（High Definition，简称HD）是新一代的视频标准，不是一台摄像机或电视机，而是一个系统。高清是一种视频格式，物理分辨率达到720P以上。关于高清的标准，国际上公认的有两条：一是视频画幅比例为16∶9；二是视频垂直分辨率超过720P或1080i。

所谓标清是指物理分辨率在720P以下的一种视频格式。720P是指视频的垂直分辨率为720线逐行扫描。具体地说，标清是指分辨率在400线左右的VCD、DVD、电视节目等“标准清晰度”视频格式。

高清摄像机在扫描格式上与标清摄像机不同，拥有更高的灵敏度、信噪比（SIGNAL-NOISE RATIO）[①]。

由于高清摄像机的分辨率高，水平视场角比标清大，画面容纳的景物多，比标清的

① 信噪比，英文名称叫作SNR或S/N（SIGNAL-NOISE RATIO），又称为讯噪比，是指一个电子设备或者电子系统中信号与噪声的比例。这里面的信号指的是来自设备外部需要通过这台设备进行处理的电子信号，噪声是指经过该设备后产生的原信号中并不存在的无规则的额外信号（或信息），并且该种信号并不随原信号的变化而变化。

景深小，容易造成不易对焦。[①]

由于高清摄像机水平清晰度的提高，它的画面宽容度[②]更接近于电影胶片，因此，画面层次比标清摄像机的画面层次更为丰富。在拍摄景物时，需要仔细观察被摄物体的明暗程度及明暗部分的分布范围，根据对亮部取舍及与拍摄主体的关系，确定合适的曝光量并适当调整光圈的大小。

【知识补充：关于斑马纹[③]的使用】打开摄像机斑马纹开关（ZEBRA ON/OFF置于"ON"状态），观察取景器或显示屏，会发现高光区出现斑马纹（高亮度斜条纹），此时说明该部分区域接近过曝，应该将光圈适当缩小，使图像最亮的区域有斑马纹而较亮的区域斑马纹刚好出现，从而得到正确的曝光量。如果使用光圈控制无法达到效果，可调整快门速度让光圈处于较理想的景深状态下，然后调整光圈控制环进行调节。需要说明的是斑马线只是作为调整光圈的一种指示参考，并不会被记录在磁带上。

除因光线的照度而引起光圈变化影响景深之外，照明的明暗对比度和光线的性质等因素也会影响画面清晰度。调节画面的清晰度关键在于了解相应的光线性质和使用适度的明暗对比，并不仅仅与整个画面的明亮程度和主要使用的照明光线有关。

在画面构图上，如果使用高清设备拍摄，标清设备播出，一定要注意画面构图的问题。高清（16∶9）变为标清（4∶3）时，有三种模式：信箱模式（上下黑边，有效范围变小，常用此模式）、压缩模式（横向压缩为4∶3，使图像变形），切边模式（左右两边的信息被去掉）。在拍摄取景中，水平方向视角的变大，使水平运动的物体在屏幕上停留的时间更长。为了适合人眼的视觉感受，摄影师需要加快摇摄镜头的速度，以加快镜头的节奏。

6.1.5　高清与标清在艺术表现上的区别

高清电视最大的优势在于其清晰度相当于传统电视的四倍，达到了胶片级的电影效果，在画面的饱和度、色彩还原方面都远胜过传统电视。在音频方面，高清电视节目支持

① 高清对焦是直接取某个适当的景别对焦，标清是事先将镜头推上去，到特写，调清晰后拉回来。

② 宽容度是指感光材料按比例正确记录景物亮度范围的能力。能将亮度反差很大的景物正确记录下来的胶片称为宽容度大的胶片，反之则称为宽容度小的胶片。一般来说，胶片的宽容度应该是越大越好。宽容度小的胶片，常会使景物明、暗部分在影像上得不到正确反映，损害影像的真实性。

③ 一般而言，除艺术造型需要外，斑马纹出现在人物面部或者其他不需要高亮度的区域时，则需要调试设备。

杜比环绕声[1]。

6.1.6 超高清的定义及特点

超高清是由日本放送协会（NHK）、英国广播公司（BBC）及意大利广播电视公司（RAI）等机构倡议推动的数字视频标准，被称为UHD（Ultra High Definition Television）或Ulra HD、UHDTV。NHK提议称其为SHV（Super Hi-Vision），包括4K UHD（3840×2160）和8K UHD（7680×4320）两种格式，相关标准包括ITU-RBT.2020和SMPT 2036-12009。标清、高清和超高清相关标准对比如表6-1所示。

在同等像素密度下，4K超高清电视的可视面积是高清电视的4倍（水平、垂直方向各2倍）。4K超高清的最佳观看距离为1.5倍屏幕高度（高清电视的最佳观看距离为3倍屏幕高度）。在最佳观看距离上观看4K屏幕，最佳水平观看视角可达58度，可令观众感受到很强的沉浸感。在时间域高清上，4K标准规定了更高的帧率，从而令运动画面更加流畅。

表6-1 标清、高清、超高清参数对照表

	标清电视（SDTV）	高清电视（HDTV）	超高清电视（UHDTV）
技术标准	ITU-R BT.601	ITU-R BT.709	ITU-R BT.2020
像素宽高比	非方形像素	方形像素	
画幅宽高比	4:3/16:9	16:9	
取样结构	4:4:4, 4:2:2, 4:2:0		
量化	8/10比特		10/12比特
色域	EBU/SMPTE-C	ITU/R BT.709	ITU/R BT.2020
基准白	D65		
伽玛	0.45		
扫描	隔行扫描	隔行/逐行扫描	逐行扫描
刷新频率	50/60Hz	24/25/30/50/60Hz	24/25/30/50/60/120Hz

① 杜比环绕声（Dolby Surround）：一种将后方效果声道编码至立体声信道中的声音。重放时需要一台解码器将环绕声信号从编码的声音中分离出来。

8K超高清画面的水平和垂直分解力分别是4K信号的2倍，数据量至少是其4倍，最佳观看距离为0.75倍屏幕高度，最佳水平观看视角为96度，声道数可达22.2声道。由于8K超高清标准的各项技术指标要求过高，目前相关设备也极度缺乏，因此，这里主要探讨4K超高清技术。

超高清技术摒弃了高标清标准中的隔行扫描技术，从而保证了电视节目后期制作时可直接运用计算机图像处理技术。12比特量化，保证了灰度级的分解力。ITU–R BT.2020色域①（简称R2020）更可为观众带来丰富的色彩表现。

6.2　数字时代影视节目的制作特点及对影视制作人员的素质要求

数字时代要制作出优秀的影视节目不仅靠硬件，更要靠具有独特的艺术感知力和拥有强大技术能力的制作团队。影视制作团队中的每个人，都应力图掌握影视技术各个领域的专门知识，加强技术与艺术之间的团结合作。

影视系统工程师，是专业技术工程人员，具备很强的工程能力，能随着科学技术的发展随机应变地把新技术的新成果应用到影视系统上。他们一方面具备较高的数字专业技术水平，另一方面应随时掌握最新、最前沿的技术发展动向。

节目创作工程师，主要负责节目的技术制作。一方面，他们必须熟悉节目制作的软件技术，掌握节目的各个制作环节，另一方面，他们必须熟悉视听语言，深入了解节目的内容，制作、包装出优质的节目。视听语言是影视创作中十分重要的因素，在相关专业中均有专门的课程。节目创作工程师在负责节目技术制作方面的工作时，需要了解影像关键环节和要素、场面调度、声音、剪辑等多个方面的基本原则、规律，充分运用视听语言进行影视创作活动。

节目创作艺术家，指艺术创作者，他们不仅需要具有艺术的创作灵感，同时还要了解节目制作的技术。

下面，我们来看一幅图，对影视从业人员的素质要求有一个直观的感受（如图6–3所示）。

① 色域是指某种表色模式所能表示的颜色数量所构成的范围区域，也指具体介质，如屏幕显示、打印机输出及印刷复制所能表现的颜色范围。自然界中可见光谱的颜色组成了最大的色域空间，该色域空间中包含了人眼所能够见到的所有颜色。

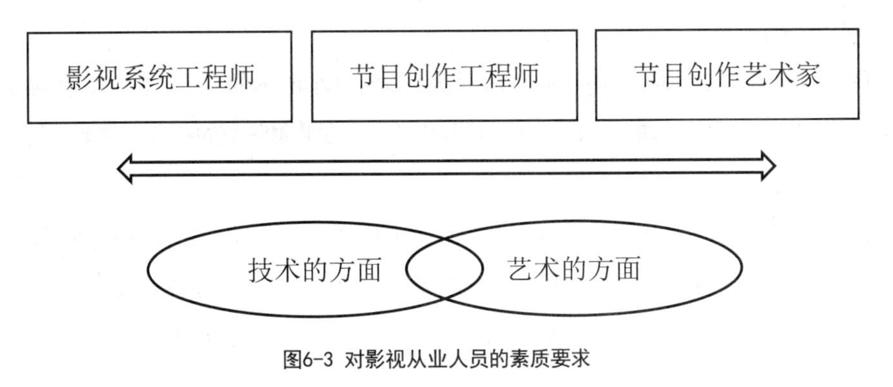

图6-3 对影视从业人员的素质要求

6.3 影视节目制作的三个阶段及制作方式

6.3.1 影视节目制作的三个阶段

1.前期构思创作准备阶段

(1)影视节目构思设想阶段(确定主题、搜集资料、明确受众群和表演形式等)。

(2)草拟拍摄提纲、脚本(剧本),将自己最初的构思转变成有效的视觉与听觉形象,包括写出分镜头方案等。

(3)草拟电视节目(视频)拍摄计划。

(4)根据拍摄任务需要,进行人员配置。专业团体在人员安排方面通常比较专业和灵活。笔者重点强调初学者或者学生团体在人员配置方面存在的问题及应对策略。一般来讲,初学者或者学生团体在拍摄之初,在人员配置和组织方面,主要存在三个方面的问题:第一,对影视拍摄团队的内部结构和分工不明确;第二,团队内部凝聚力弱,缺乏合作精神;第三,各岗位间配合不力,导演、摄影、剪辑等主要岗位“各自为阵”,缺少整体思维和理念。部分学生团队还存在导演思路无法执行,摄影、导演等重要岗位互相拆台的现象。

针对上述的情况,笔者认为,可以从以下五个方面加以应对:首先,明确团队协作在影视创作中的重要作用。无论是专业团体还是初学者、学生团队,都必须明确一点,影视创作并非单打独斗,需要各部门、各岗位的通力合作。每个岗位上的人并不存在高低贵贱之分,并不存在你对我错的问题。小型团体可以采取竞争上岗的机制,避免出现互相“不服”,甚至“拆台”的现象。

其次,在创作初期,创作团队务必要有较为完善的创作脚本、故事板。除少部分即兴创作或者突发情况外,一般不主张边构思边拍摄。完善的脚本将大大降低前期创作中团队内部出现争吵的概率。

再次，团队组织结构应当向专业团队靠拢，即便是小成本的片子、学生作业也应当有专业团队的组织结构。所谓“麻雀虽小，五脏俱全”，拍摄团队中的摄影、道具、灯光、制片、统筹等都应发挥其不可替代的作用。

从次，拍摄团队在进行人员配置时，需要充分考虑影片的具体需求，在主要岗位上选择能力突出、创新意识强的成员。在摄影等重要岗位中，相关人员往往仅擅长一类影片的拍摄。团队在进行人员配置时，如果条件允许，最好选择擅长或者长期从事某类影片拍摄的工作人员进入团队，以保证影片质量。

最后，团队负责人在配置团队成员时要注意控制好人力成本，把人用到关键之处，避免出现浑水摸鱼的现象。特别在学生团队中，要树立作品意识，而非简单地完成“作业”，尽可能避免“打酱油”“滥竽充数”的问题。

（5）团队合作，推进实施制作进度。

2.实施设置阶段

将自己的原始构思，逐步转化为影视节目。

3.后期编辑混录阶段

该阶段主要包括：确定编辑方式、素材审看、粗剪、精剪、混录合成、成片审看、播出带复制成档。

6.3.2 电视节目的制作方式

电视节目制作是节目艺术和电视技术二者的天然结合。制作人员必须对制作方法、制作流程和制作设备的特点、性能、操作以及配套使用的条件等进行全面了解和熟悉，才能根据节目的内容和要求，恰当运用各种技术手段、有效的制作方法，按照合理的制作流程，制作出高质量的电视节目。

目前，就电视节目的制作方式而言，有ENG、EFP、ESP和SNG四种方式。

第一种，ENG（Electronic News Gathering），即电子新闻采集。这种方式最早出现是为了替代早期的新闻电影制作。电视诞生后，随着电视的不断普及，电视新闻在电视节目中占的比重越来越大，采拍新闻成为电视台的日常工作，便携式摄录机应运而生。目前，各级电视台多使用高清编写摄录设备来采集电视新闻，以适应新闻采访的运动灵活性、新闻事件的突发性、电视报道的时效性和现场性。

对于重大的新闻事件或紧急新闻事件，一般采用ENG车，也就是新闻采访车。ENG节目制作所需的设备如摄像机、录像机、编辑控制器、声音系统设备及灯光照明等各种设备可安装在小型灵活的汽车上，组成新闻采访车。这种车的特点是小型、轻便、灵活，可适应紧急新闻现场一次制作而成的要求，可与通信设备、传输发射设备配合进行直播。

第二种，EFP（Electronic Field Production），即电子现场制作，是对一整套适用于野外（准确说是“电视台外”）作业的电视设备的统称。这套设备至少包括两台以上的摄像机、视频信号切换台、音箱操作台、辅助灯光等。

EFP方式主要采用EFP车（电视转播车，也叫直播车或录像车）进行外景实况录制。它能够把几个小时的节目内容，包括画面、声音、字幕、特技、切换等一次制作完毕，也可以把现场录制的节目带回台内进行进一步加工、修改和补充后播出。

EFP制作方式由于它的摄录过程与事件发展同步进行，呈现出的现场感特别强，因而，需要全体现场制作人员的密切配合，一旦操作失误，会无可挽回地将失误呈现给观众，造成直播节目的缺憾。

第三种，ESP（Electronic Studio Production），即电视演播室制作。这种制作方式是指在电视台的演播室内录制节目。

第四种，SNG（Satellite News Gathering），即卫星新闻采集，是指利用可移动运载转播车安装地面卫星发射站装置，传送现场拍摄制作的新闻节目，被认作ENG和EFP方式的发展形态。

本章思考与练习题

1.何为数字电影、数字电视？

2.在技术表现上，高清与标清的区别有哪些？

3.电视节目制作分为哪三个阶段？

4.电视节目的制作方式有哪些？

第7章　高清、超高清摄影技术基础

随着21世纪科学技术的飞速发展，一方面，数字化浪潮已经波及人们生活的各个方面，全世界的影视机构从模拟格式向数字格式转变，并在影视摄影与节目后期制作、存储、传输等领域取得了突破性的进展；另一方面，4K影视技术的发展、“5G+8K”的问世，IMAX、3D、4D电影的发展，数字影院的建立，用数字方式传输和放映影片，都表现出了数字化技术的发展加深了影视艺术和技术两者之间的依存关系，开创了一个数字高清影视的新时代。2022年，北京冬奥会开幕式综合运用了人工智能、超高清渲染、5G、8K等一系列的高新技术，这些科技和创意的完美融合，打造出了一个既恢宏壮美又空灵浪漫的视听盛宴，“科技感十足”。作为从事影视创作及研究人员，我们需要深入学习相关知识和技能，强化运用和创新，才能适应当下的影视传播环境。接下来，我们继续学习数字摄影技术，谈一谈高清、超高清摄影技术的相关基础知识。

7.1　数字视频的基本概念

7.1.1　视频信号及电视信号分类

1.人眼与视频信号

人类每天获得的信息有超过八成来自视觉。视觉是由一组结构复杂的透镜——人的双眼而产生的。人眼中的水晶体用于实现聚焦，并在视网膜上成像，通过视觉神经传输到大脑中进行信息处理。人眼只能感受到电磁波谱中的可见光区（波长从380nm到760nm），这些光既可以来自灯光和显示设备等发光体本身，也可来自日常生活中看到的大部分反射光的物体或透射光的物体。人眼依靠视网膜上的光敏细胞——杆状细胞和锥状细胞来获得色彩视觉。当然，人眼对亮度的敏感程度比对颜色的敏感程度更高。

我们可以将人眼的结构及功能与摄像机进行对比。（如图7-1所示）

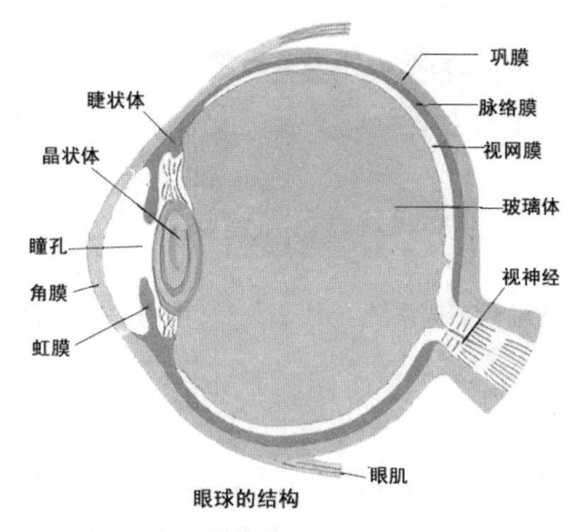

图7-1 人眼视觉成像原理示意图

虹膜和瞳孔可比作光圈，能根据光线的强弱调节瞳孔的大小，控制眼睛的进光亮；晶状体可比作变焦距镜头，用于聚焦成像；视网膜可比作摄像器件CCD，可将光像转换为视觉神经能接受的生物电信号。

数字高清影视摄像机在拍摄时，模拟了人眼的成像原理，使用镜头和感光器件（CCD或CMOS）获得景物的动态影像，并将其记录在存储介质上。目前，大部分的摄像机、单反、微单、运动相机及其他拍摄设备都使用了CMOS芯片。关于CCD和CMOS芯片的区别问题，这里简要说明一下：CCD和CMOS芯片在成像效果方面没有太大的区别，但CMOS芯片在使用过程中会出现比CCD发热快的现象。目前，还没有看到相关权威或者公认的检测数据，即能反映其发热原因的具体数据，仅是从日常使用的体验而言。不同设备由于其设计水平的不同，有的发热现象并不明显或者几乎可以忽略不计。

2.电视信号及其分类

电视技术发展早期标准不统一，造成目前世界上存在三种互不兼容的彩色电视信号制式，即PAL、NTSC、SECAM。这三种制式都与黑白电视兼容。下面，我们来看一下这三种制式的具体参数比较（如表7-1所示）。

表7-1 世界范围内的电视制式

制式	NTSC	PAL	SECAM
帧数/秒	29.7	25	25
水平扫描线数	525	625	625
使用的国家和地区	美国、加拿大及日本等	中国、英国等	法国、东欧、中东

7.1.2 与视频有关的重要术语和重要概念

1.重要术语

（1）720p

720p，即数字电视的逐行扫描系统。p代表逐行，即每一帧完整的电视画面包含720个被逐一扫描的行。

（2）1080i

1080i，即高清晰电视的一种扫描系统。i代表隔行，即每一帧完整的电视画面由两个隔行扫描的场构成，每一个场包含539.5行。与传统的NTSC制式模拟电视系统一样，1080i系统每秒产生60场或30帧完整的画面。

（3）扫描（Scanning）

扫描是指电子光束在电视屏幕上从左到右、从上到下运动。

（4）帧（Frame）

帧是电视画面的最小单位。在一个扫描周期中，电磁束完整扫描一次的区域，包含两个场。PAL制式电磁束，每1/25秒扫描一次。

（5）高清晰电视（HDTV）

HDTV，即High-Definition Television的缩写。高清晰电视1080i系统的标准为每秒60个场，每场由539.5行构成。每个完整的一帧画面由两个隔行扫描的场（每场539.5行）组成。每秒有30个完整的帧（每一帧1080行）。

（6）隔行扫描（Interlaced Scanning）

逐行扫描，是指第一场对所有的奇数行扫描，随后第二场对所有的偶数行扫描。两个场组成电视图像的一个完整的帧。

（7）逐行扫描（Progressive Scanning)

逐行扫描是指从图像顶部依次向底部扫描的方式。

（8）红、绿、蓝（RGB）

红、绿、蓝是电视的三原色，也称三基色。

（9）场（Field）

场是指一个完整扫描周期的一半。一帧电视画面由两个场组成。PAL制式每秒由25帧50场组成。

2.重要概念

（1）像素

像素是构成数字影视画面的最基本元素。在摄像机的成像感光器件——半导体CCD或CMOS（图像感应器）中，每一帧图像在空间上离散，化为一个个像素。图像感应器是由几十万个像素按面阵的方式排列组成的，图像感应器的广电转换过程，实质上是由图像感应器离散分布的像素对其连续分布的光信号的取样过程。

讲到像素，不知道大家是否注意过这样一种常见的说法——有不少数码产品制造商宣称："我的相机或者手机像素很高，画面绝对很清晰"，这种说法对吗？其实，这样的说法是错误的，至少是不科学的。像素的提升直接促进画面可放大尺寸的提升，并不能直接影响画面的质量或者清晰度的提升。我们知道画面的清晰度主要取决于成像芯片（CCD）的尺寸，尺寸越大，清晰度越高。

（2）逐行扫描与隔行扫描

一般在拥有较高带宽的电脑显示系统中采用逐行扫描方式。而在电视系统中，为防止帧频过低在视觉上造成闪烁，采用隔行扫描的方法，即扫描一帧图像时分成两场，第一场先扫描奇数行，第二场再扫描偶数行。我国电视的标准PAL规定每秒显示25帧，共50场。

（3）扫描行数

扫描行数决定了影视系统的图像分解力，同时也影响信号的带宽。例如，我国采用彩色电视制式中的PAL制式，电视信号基带带宽为6mhz，扫描行数为625行。

（4）帧频和场频

根据人眼视觉暂留特性，帧频在25HZ—30HZ之间时，可以保证图像的连续感，同时视频信号的频带宽度也不至于过宽。隔行扫描时，一帧图像分为两场，场频为50HZ—60HZ。我国因为交流电频率为50HZ，为减少干扰，因此，规定帧率为25HZ，场频为50HZ。

（5）画面的宽高比

传统电影及电视图像的幅型——宽高比为4∶3（标清画面）。后根据对人眼视野范围的更深入研究，确定画幅为16∶9（高清画幅）的宽高比，更符合人眼的视觉规律。

7.1.3　高清摄像机的特点

首先，高清摄像机是"光—电—光"图像转换的高科技产品。

其次，高清摄像机具有色温预置和黑、白平衡调整。

最后，高清摄像机对照明处理和曝光控制提出了严格的要求。现在高清摄像机的最大宽容度已达到1:60，其宽容度很接近传统的胶片摄像机，但所能正确反映的最高亮度与最低亮度之间的范围比例还是有限的。

7.1.4 DV数字摄像机

1956年，安倍公司推出了第一台磁带式录像机，它通过光电转换技术，把拍摄的电视画面形成模拟的电子信号，通过磁头把磁信号记录在磁带上。20世纪90年代，随着数字技术的不断发展，DV数字摄像机诞生。DV（Digital Video），也称为IEEE-1394标准是由世界上主要的视频设备生产厂商，于1994年4月通过的原本计划用于家庭数码摄像/录像设备的一个标准。带有DV接口（IEEE-1394）的设备之间可以实现多级连接。DV规范中包含了DV数字摄像机、录像机、DV数字录像带等规格定义。根据DV标准所生产的DV数字摄像机使用1/4英寸（6.35mm）宽度的数字录像带，把摄录的声音和画面以数字格式记录于磁带上。这种磁带①如图7-2所示。

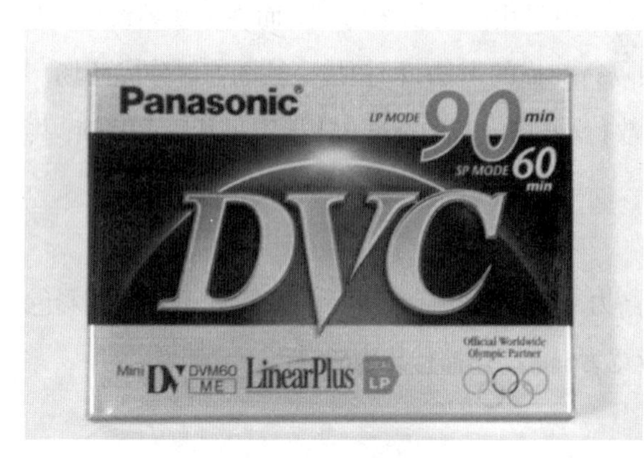

图7-2 6.35mm的MiniDV带

这类磁带在使用的过程中需要注意三方面的问题。

第一，目前，这类磁带基本已停止使用，但在少部分三四线城市电视台或者影视机构还有一部分适用此类磁带的摄像机，摄像师在使用时要特别注意防潮、防磁，避免出现机器报警无法工作的情况。

第二，摄影师要事先预计好拍摄的时长，准备足量的磁带备用。切记不要出现磁带不够用、使用未经检查的旧磁带，以及使用清洗带拍摄的情况。

第三，DV带的使用寿命不长，一般在外出拍摄时会反复使用磁带的前面几分钟的储存空间。因此，前面一小部分的磨损一般较大。建议摄影师在使用磁带前，快进到5分钟以后开始使用。通常情况下，一盘磁带不建议使用超过三次，即便是电视台使用的专业级DV带，也不要使用超过5次，避免出现磁带质量不佳的情况。

另外，这种磁带适用于数字录像机或者1394采集卡，采录其中的素材。电视台等专业广播电视单位通常使用数字视频磁带录像机（如图7-3所示）采录DV带中的素材，而一般使

① DV带通常用于拍摄标清影像，其主要问题是易磨损、不能过多地反复使用，容易受外界环境条件影响。此处要注意DV带和清洗带的区别。

用者通常采用1394采集卡（如图7-4所示）采录DV带中的素材。

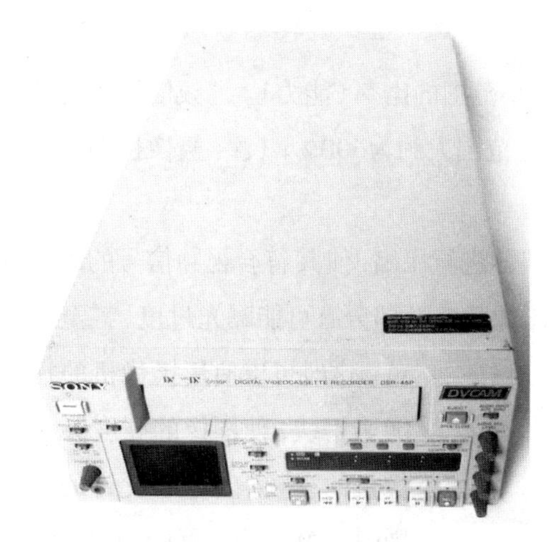

图7-3 数字视频磁带录像机

图7-4 1394采集卡

7.1.5 数字高清摄像机(HDV)的标准

1.数字高清摄像机的相关概念

（1）HDV标准的概念

HDV标准可与现有的DV磁带共同搭配使用，作为录制媒介。使用HDV标准摄像机拍摄的画面可以达到720p的逐行扫描方式（分辨率为1280×720）和1080i的隔行扫描方式（分辨率为1440×1080）。

（2）数字影视中的“K”

数字影视中的“K”指水平像素，它的单位是1000。所谓的4K是指分辨率为4096×2160像素，它是2K投影机和高清电视分辨率的4倍，属于超高清分辨率。在这种分辨率下，观众可以看清画面中的任何一个细节。如果影院使用4096×2160像素的银幕，那么，观众无论处于影院的哪个位置，都可以清楚地看到画面中的每个细节。影片色彩鲜艳、画面和文字无比清晰，再配以超真实的音效，对观众来说，将是一种超凡的视听体验。

（3）AVCHD格式

AVCHD格式支持多种不同介质（包括8cm DVD和硬盘）录制和回放1080i分辨率的高清影像。AVCHD使用MPEG-4AVC/H.264视频压缩编码方式，这种格式比MPEG-2和MPEG-4的技术更高效。

2.数字高清摄像机的主要性能

（1）动态范围[①]、拐点（Knee）

动态范围是指一台设备处理最大和最小范围的比率（能力）。视频信号的动态范围是100%—110%，2/3英寸CCD摄像机的动态范围大约为600%。（注：摄像机动态范围会因摄像机的设置而下降）。

拐点（Knee）是一项将视频信号高光部分进行压缩，使其符合视频信号的动态范围的一种功能。当使用点光源照亮物体时，图像的高光部分有可能曝光过度，甚至出现褪色。这时可以使用摄像机的拐点功能来解决，使图像的亮度保持在摄像机的视频信号可以允许的动态范围中。CMOS成像器的动态范围大约为450%（CCD芯片大约为600%），而电视（或一般显示器）的动态范围只有100%（如图7-5所示）。当然，在使用该功能后，有可能导致图像的画面发灰，这是由于拐点同时也作用于色度信号，使图像的颜色饱和度下降。在这种情况下，数字高清摄像机可以使用一个单独的拐点选项，来处理色度信号（R-Y、B-Y），使画面更加鲜艳，更加自然。

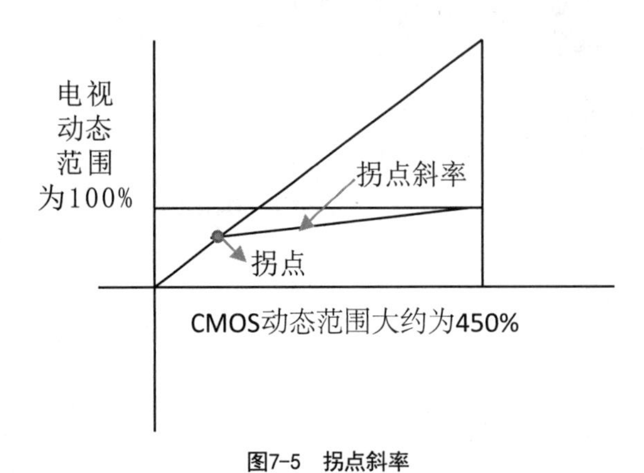

图7-5　拐点斜率

如果我们改变斜率，把斜率提高，那么画面中有些部分的动态范围就会超过100%（高光部分），画面的高光调整到100%以下，没有超过100%的区域会得到很好的表现，明暗的对比度也很好，但从画面上看，有些地方还是曝光过度了。面对这种情况，我们可以通过调整拐点斜率（Knee Slop），达到我们能够接受的动态范围，确保画面的高光既有亮、次亮，又有立体感。（从拍摄经验来看，拐点的值不要调整在80%以下，特别是在拍摄女性的皮肤时，高亮点都设置在80%左右。）

关于拐点和拐点斜率问题是本章的难点。要深入理解拐点和拐点斜率，就必须要掌握动态范围、数学函数方面的基本知识。从以往的高校相关专业教学以及实践情况来看，对这一问题的理解存在两个极端：一部分学生能通过已有的基础知识理解上面两个概念的内涵；一部分学者由于前面提到的知识欠缺，很难真正意义上理解拐点及拐点斜率的含义。为此，笔者建议，如果难以理解上述技术理论的阐述，不妨从实践的角度倒推上述专业概念。简而言之，读者可以在相关摄影机上做相应的调试，尝试着改变拐点、拐点斜率的值，

① 动态范围就是高光和暗部的跨度。

仔细观察其变化，领会二者的含义。

（2）GAMMA（伽马、γ）

GAMMA是一种反映摄像机或显示装置的图像亮度和输入电压之间响应特征的数值。在实际拍摄中，为了得到真实的图像再现，线性的GAMMA是我们想要的。因为显示设备的亮度和它所输入的电压的关系是指数式的，而不是直线式的比例，所以，GAMMA就是一种补偿的方式。

下面，我们来看看这个图：

x轴部分是输入等级，y轴部分是输出等级。Camera Gamma是摄像机的伽马值，中间部分是我们期望得到的线性值，也就是Linear Gamma。线性伽马的另一侧是Display Gamma，也就是显示器或者电视机的伽马值。黑色加粗的线条是Black Gamma，也就是黑伽马。右下角“Black Gamma Adjustment +/–”表示对黑伽马值的增大和减少。具体如图7–6所示。

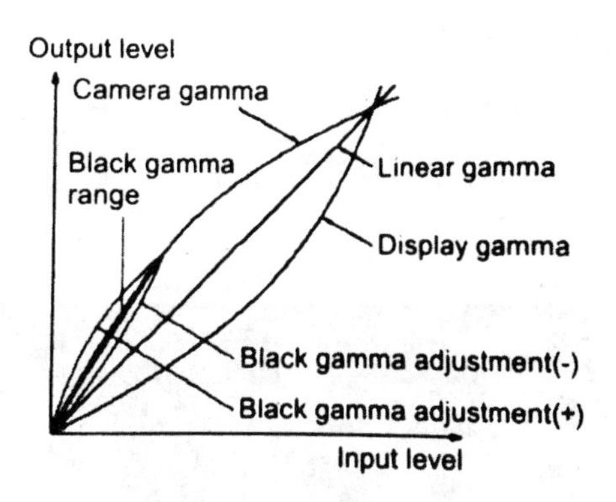

图7–6 调整摄像机的γ曲线能和电视机的曲线相弥补

调整摄像机的Gamma值对画面效果的影响如下。

第一，从改变Gamma曲线值来看实际画面效果：提高Gamma值，画面整体效果越来越亮，降低Gamma值，画面整体效果越来越暗；

第二，提高Black Gamma值，暗部的亮度就会增加。然而，暗部亮度大的画面（暗部是灰的画面）看上去很不稳定；黑色多的画面看上去会让人感觉沉稳。

第三，Black Gamma的功能仅作用于镜头画面中的黑或比较黑的区域，不会影响中间调或亮的区域，降低Black Gamma值，可以提升镜头画面黑暗区域图像的对比度，会使整个画面看上去亮一些。

这里，需要强调一个问题，即什么是线性的GAMMA？

首先，我们需要知道什么是线性的？这要回顾一下中学时期学习的函数，也就是“线性函数”。

在初级代数与解析几何中，线性函数是只拥有一个变量的一阶多项式函数，或常数函数。因为采用直角坐标系，这些函数的图像便呈直线，所以这些函数是线性的。要注意的是，与x轴垂直的直线不是线性函数。（因为输入值不对应唯一输出值，所以它不符合函数的定义）

线性函数可以表达为斜截式：

$f(x)=mx+b$

其中，m是斜率且$m\neq0$，而b是f(x)在y轴上的截距，即函数图像与y轴相交点的y'坐标。改变斜率m会使直线更陡峭或平缓。改变 y'截距，b会将直线移上或移下。

(3)画面色彩调整

①Matrix色彩矩阵调整

一般情况下，拍摄时不需要调整Matrix色彩矩阵来改变画面的色彩，但如果想要拍出更鲜艳的色彩时，就需要调整Matrix色彩矩阵功能。我们调整Matrix Level值的大小，可以改变画面的色彩。当Matrix Level+数值调整时，画面的色彩会越来越浓，反之，当Matrix Level-数值调整时，画面的色彩会越来越淡。我们来看看下面这个图（如图7-7所示）。

图7-7 调整Matrix Level值的大小，改变画面色彩的浓淡

②Color Correction颜色校正（如图7-8所示）

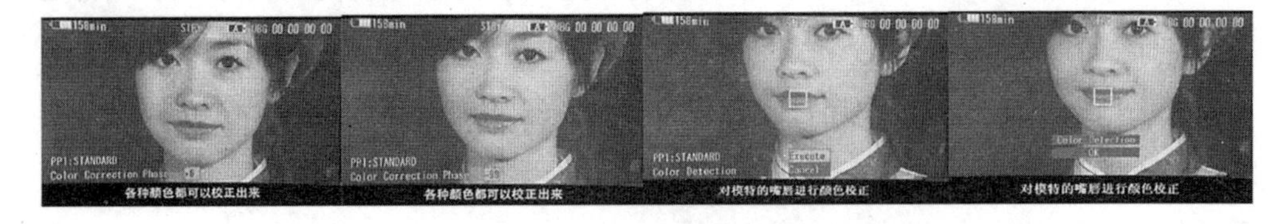

图7-8 Color Correction 颜色校正，各种颜色都可以调整出来

③Low Key Sat 暗部颜色调整

该功能主要针对画面中的暗部颜色进行调整，可以改变暗部色彩的饱和度。

(4) Detail Level图像细节调整

我们先来看看图7-9。当我们把细节的电平Detail Level数值调节到最高时，看到的图像是最清晰的，比如，瞳孔部分的亮度很好，但胡子和面部等地方显得粗糙，如果我们把细节电平降低，这样就非常平衡、柔和、有亲和感，图中人物的皮肤会显得好一些，但是明亮感就不行了。目前，解决这个问题有两种主要的方法。

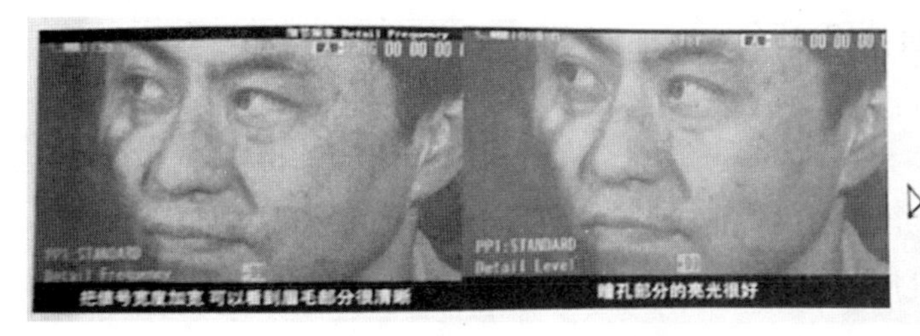

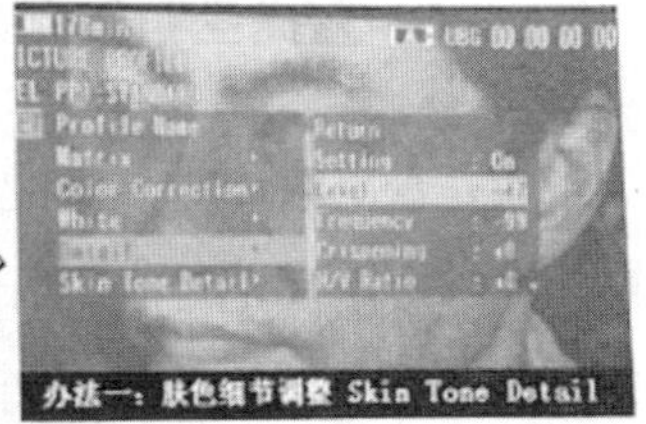

图7-9 Detail Level图像细节调整

方法一：通过对皮肤细节菜单的调整，对皮肤细节进行弱化，但这种方式只对皮肤取样的人进行改善。

方法二：让画面中的每一个人的皮肤看起来都好看。如图7-10所示，黑电平压限器可改善皮肤质感（类似“美图秀秀”等图片软件中的磨皮功能）。这是广告摄影中常用的一种方法。

图7-10 使用黑电平（Black Limiter）调节皮肤

（5）利用特殊效果制作S&Q Motion快慢动作

当我们用720p/25p的格式来拍摄时，把拍摄帧率设置为60帧/秒，以慢动作记录，可以实现挥动的手带有拖尾的效果。（如图7-11所示）

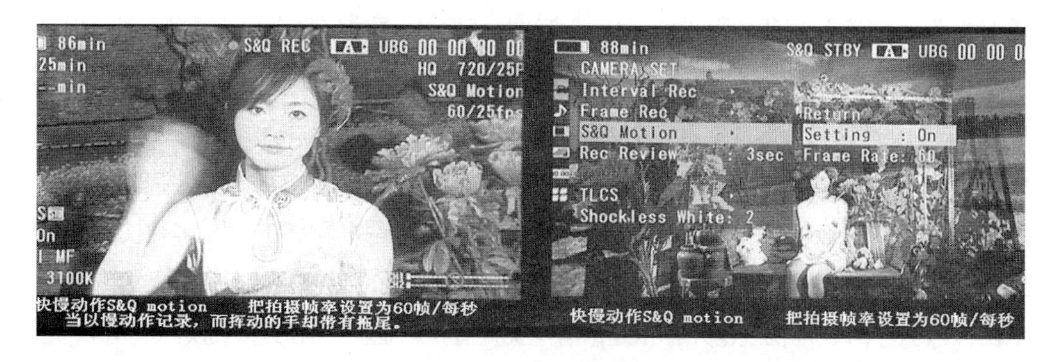

图7-11 S&Q Motion快慢动作

7.1.6 蓝光盘和蓝光盘技术

蓝光盘也称蓝光DVD，是一种可以读写的新型大容量专业光盘，采用蓝紫激光系统读写。蓝光盘容量是目前所有光盘中最大的，与DVD盘同尺寸的蓝光盘（如图7-13所示），单面容量可达23.3G。采用蓝光盘作存储载体的摄录像机称为蓝光高清摄像机，如PDW-530P蓝光高清摄像机（如图7-12所示），这款机器由于价格偏高，目前主要在广播电视单位中使用。

图7-12 PDW-530P蓝光高清摄像机

图7-13 蓝光盘

7.1.7 广播电视超高清技术标准

发展4K超高清电视是广播电视行业贯彻落实创新驱动发展战略、促进文化与科技融合、深化广播电视供给侧结构性改革的重要举措，对于满足人民群众日益增长的精神文化需求，提升广播电视传播力、影响力和舆论引导力，促进文化产业与民族工业发展具有重要意义。为了有效规范和促进我国4K超高清电视发展，国家广播电视总局发布了《GY/T 307-2017 超高清晰度电视系统节目制作和交换参数值》和《GY/T 315-2018 高动态范围电视节目制作和交换图像参数值》等标准，规定了4K超高清电视节目视频的技术参数；为了保障4K超高清电视制播、传输、接收及显示的质量，国家广播电视总局于2018年8月发布了《4K超高清电视技术应用实施指南（2018版）》，规定了4K超高清电视应用中多种技术参数如何选择、适配和协同，解决系统性端到端的参数配置问题，指导电视台和有线电视、卫星电视、IPTV、互联网电视规范开展4K超高清电视直播和点播业务。在近期的实际应用中，尤其在拍摄制作过程中，还存在流程不规范、技术质量不达标等问题，影响了4K超高清电视优质内容的呈现；在SDR向HDR过渡阶段，4K超高清HDR和高清SDR同时制作的流程不统一，4K超高清电视和高清电视质量参差不齐。

为了指导电视台、内容生产商等开展4K超高清频道制播和内容生产，提高节目质量和制作效率，国家广播电视总局科技司于2019年设立了“4K超高清电视节目制作技术实施指南”项目，成立了项目组，由广播电视科学研究院牵头，中央广播电视总台、广东广播电视台、广播电视规划院、四川传媒学院、宇田索诚科技股份有限公司等单位参加，结合中央广播电视总台、广东广播电视台在4K超高清电视频道的制播实践，进行了4K超高清电视节目拍摄制作相关研究，出台了《4K超高清电视节目制作技术实施指南》。本节讨论的“广播电视超高清技术标准”正是以此为主要依据[①]。

在拍摄制作4K超高清电视节目时，首先需要对信号电平的一致性进行校准。此外，拍摄制作过程中需设置正确的4K超高清电视节目信号格式，包括采样格式、比特深度、信号域、彩色表示法等；在监看环节，建议采用不同信号的设备监看；在HDR制作过程中，可能会有SDR内容的存在，建议灵活使用包含SDR内容的HDR制作方法，保证不同信号间能够正确映射；同时包含PQ信号和HLG信号时，建议采用恰当的PQ和HLG的转换方法，保证转换前后信号的一致性；在SDR向HDR过渡阶段，需考虑HDR和SDR同时制作的情况，根据节目制作流程，将4K HDR制作分为实时直播与非实时录播两类，关注直播流程、录播流程及SDR—HDR—SDR往返转换过程；在开展超高清电视节目制作时，必须满足最基本的摄像机、灯光、测试设备等要求。

我国4K超高清电视采用了支持HDR的高质量格式，目前，4K HDR节目制作仍然处于制播实践阶段，还缺乏丰富的节目制作经验。因此，未来还需要开展大量的试验和实践，不断补充节目制作的相关参数及完善流程，进一步提升制作效率和质量。

1.缩略语

（1）高动态范围（High Dynamic Range，简称为HDR）

所谓的动态范围，是指影像中最亮处与最暗处的光线强度比值。在现实世界中，由于光线的变化非常广泛，因此，最高的动态范围甚至可以高达50000∶1。如此的极端范围，对于人的眼睛来说，这种状况也能够应付得来，但对相机所使用的感光媒介来说，其所能记录下来的范围可就远远低于这个数值了。一般说来，能够将明暗对比为5000∶1的场景拍摄下来的感光媒介就已经十分优秀了，大部分的摄影器材都没有办法达到这样的水平。为了改善这种状况，提升摄影机对这些特殊场景的描写能力，摄影师也想出了几种方法：在胶片时代，可以通过冲洗和放相时的时间及局部光线调整，设法将动态范围的表现扩大；进入数码时代后，则发展出了高动态范围影像这样的技术。

---

① 4K超高清电视节目技术参数为3840×2160/50P/10bit，BT.2020色域，HLG/PQ HDR。

数码相机拍出的静态影像受限于感光元件的动态范围记录能力，其所能表现的画面阴暗对比，常常会低于现实世界所呈现的。对此，可以对同一个场景拍摄多张不同曝光值的照片，再通过影像处理软件加以计算及合成。

由于不同曝光值的照片能针对拍摄情景中较亮及较暗部分的细节予以捕捉，在后期处理过程中，可以通过软件运算上的取舍，留下所需的部分，因此能解决单张静态影像动态范围过小、画面明暗层次远低于人眼所见的问题。

高动态范围影像的制作，过去都需要通过电脑的影像处理软件来进行，现在这项技术已加入相机功能中，让拍摄者不必再额外进行后期处理，节省了不少时间。

（2）标准动态范围（Standard Dynamic Range，简称为SDR）

标准动态范围，是指衡量音频系统性能的指标，通常用于衡量放大器、数字转换器等设备的性能。

（3）感知量化（Perceptual Quantizer，简称PQ）

感知量化是杜比实验室根据人眼的感知特性而精心设计的一条EOTF电光转换曲线，适用于10bit和12hi量化规格。2014年，SMPTE已经在ST 2084 Dynamic Range Electro-Optical Transfer Function of Mastering Reference Displays（母版内容基准监视器的动态范围电光转换功能）这个标准中采纳感知量化曲线作为HDR的EOTF曲线。感知量化是从电视信号的产业链的终端着手进行HDR优化。首先规定HDR显示器上电信号如何转换成重现图像的光信号，从最终效果出发而不是将兼容原有的传统数字电视系统作为出发点，反推出拍摄端的OETF曲线，理论上可以保证所有的感知量化标准的显示器都具有相同的显示效果。

（4）混合对数伽马（Hybrid Log-Gamma，简称为HLG）

混合对数伽马曲线则是针对相对亮度而言的，是在传统的电视伽马曲线基础上进行延伸和发展，同样采用10bit和12bit量化规格。

（5）查找表（Look Up Table，简称为LUT）

查找表就是一个包含可以改变输入颜色信息的矩阵数据。查找表被广泛应用于图像处理软件，例如， Da Vinci Resolve、FCPX、 Premiere Pro cc+、Avid Media Composer、Speed Grade cs6+、 Motion、Nuke、 Photoshop CS6+、AECS6+、Fusion7等。

从本质上可以将查找表视为函数，即能在其中通过一个对象查到另一个对象，呈现一一对应的关系。查找表中的两个对象往往具有等价性，比如，摩斯电码与英文字母的关系，摩斯电码长短信号的排列等同于与之对应的英文字母。查找表本身并不进行运算，只需在其中列举系列输入与输出数据即可，这些数据呈一一对应的关系，系统按照此对应关系为每一个输入值查找与其对应的输出值，这样即可完成转换。

查找表可以从结构上分为两种类型，一种是一维查找表（1D LUT）；另一种是三维查找表（3D LUT）。两者在结构上有着本质的区别，应用的领域也不同，如图7-14所示：

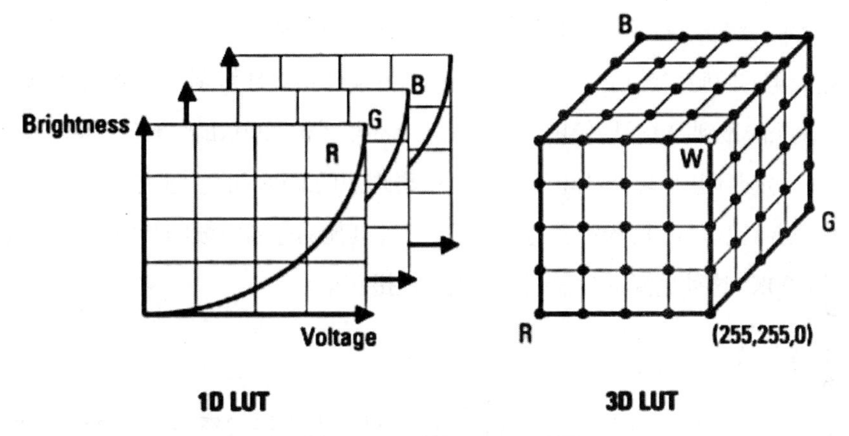

图7-14 1D LUT和3D LUT示意图

（6）图像校准信号发生器（Picture Line Up Generation Equipment，简称为PLUGE）

图像校准信号发生器，用于监视器亮度和对比度校准。其测试信号分为：超高清HDR PLUGE、超高清SDR PLUGE、高清HDR PLUGE、高清SDR PLUGE、标清SDR PLUGE。

（7）电光转换函数（Electro-Optical Transfer Function，简称为EOTF）

电光转换函数，用于描述输入显示器的非线性颜色值（数字编码像素值）和显示器所显示的线性颜色值之间的关系。

（8）光电转换函数（Opto-Electronic Transfer Function，简称为OETF）

光电转换函数，用于描述线性颜色值与非线性颜色值（数字编码像素值）之间的关系。

（9）显色指数（Color Rendering Index，简称为CRI）

国际照明委员会推荐了一种区分荧光灯和其他气体电灯色温的更科学的分类方法，即用显色指数（Color Rendering Index，缩写为CRI）来表示，测量方法为在指定光源和已知色温的黑体光源下观看8种标准柔和色彩。显色指数的范围是从0以下至100。这个范围内的数值来源于相同色板在指定光源与黑体光源下相比的结果，用以呈现柔和色彩的准确程度。匹配样本越接近其在黑体光源下的外观，被测试光源的显色指数就越高。冷白色荧光灯的显色指数为68。暖白色荧光灯的显色指数为56。日光荧光灯的显色指数为75。一种叫作Vila-lite的荧光灯具有91的显色指数，很接近自然光源或日光光源。

从光源出发的光以波的形式进行传递。当从波峰之间测量这些波的长度时，波长会因所包含色彩的差异而不同，如之前所提到的，较长的波长更靠近光谱上的红色端，被视为暖色，而较短的波长，靠近光谱上的紫色端，则被视为冷色。

虽然人类的眼睛能够适应范围宽泛的色温并能够正确地辨别其他颜色，但摄影机的传感器芯片无法做到。电视摄像机被设计为只有在场景被3200K的灯光照明时才能准确还原色彩。在一定范围内，摄影机电路能够对偏离理想的3200K的色温进行轻微弥补。这个色温通常是指“钨丝灯”的光线营造出来的环境。其他的色温一般归类为“日光”，范围从5400K到6800K，这种色温通常需要在日光下拍摄获得。

2.采样格式

4K超高清成片的采样格式应为4∶2∶2，素材的采样格式至少为4∶2∶2或更高（如4∶4∶4）标准。

3.信号监看

理想情况下，如制作切换台的“节目”“预览”输出、调色等关键监看，应使用支持宽色域和高动态范围信号的监视器。支持BT.2020彩色空间的监视器应包括管理其原生显示色域之外彩色的方法。

7.2 高清摄像机的基本构成和工作原理

彩色电视摄像机是进行光电转换的设备，利用三基色原理，通过光学系统，把景物的色彩光像分解为红、绿、蓝三幅单色光像，即三基色光像，由摄像器件完成光信号到电信号的转换，并经视频通道进行信号校正处理，编码形成所需要的分量信号、复合信号、彩色全电视数字信号等。

高清摄像机主要由镜头、带成像装置的摄像机机身和寻像器三部分构成。我们来看看下面图7-15。

高清摄像机的光学系统是决定所摄图像质量优劣的关键部件之一，包括变焦摄影镜头、分光棱镜（分色镜）和各种滤色片。

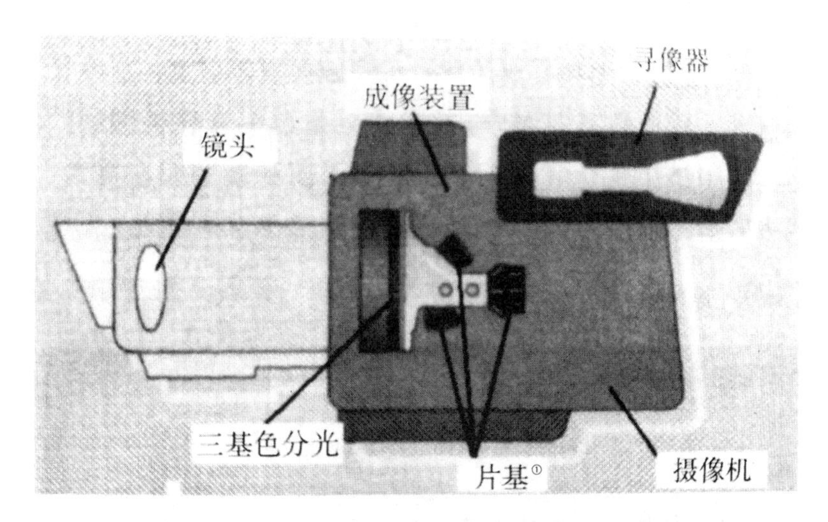

图7-15 电视摄像机的主要部件构成图

7.2.1 高清摄像机的光学系统

1.景物成像

景物成像是由摄像机的变焦镜头来完成的。变焦镜头的聚焦，使被摄景物在CCD（CMOS）感光面上成像清晰。当我们更改镜头的变焦倍数时，可改变影像的大小而图像的清晰度不变，再根据外界光线照度的强弱，准确地调整光圈，从而获得最佳画面。

2.基色分光

基色分光是由分光棱镜（也称分色棱镜）来完成的。基色分光的作用是将景物的入射光分量分离成红（R）、绿（G）、蓝（B）三色光，分别传送到红、绿、蓝三片CCD（CMOS）光电器件上。

7.2.2 摄像机的电路处理系统

以高清3CCD摄像机为例，其系统组成如图7-16所示。

① 片基，指感光胶片的支持体，是一种具有透明、柔软特性和一定机械强度的塑料薄膜，它的特性构成了胶片的主要物理机械性能。所谓支持体是指感光材料中负载感光层和磁记录材料中负载磁性层的平薄的底材，有片基、纸基、玻璃板三类。简而言之，片基通常是指透明平整的薄膜，用于制造胶片。

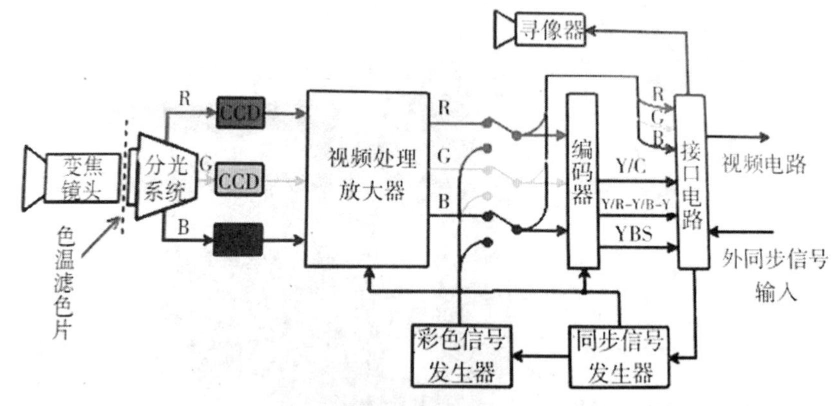

图7-16 高清3CCD摄像机的系统组成框图

7.2.3 高清摄像机的主要技术指标

1.图像分解力(解像力)

图像分解力(解像力),是指摄像机分解图像细节的能力。

2.灵敏度

灵敏度是指摄像机对光电的灵敏程度。

3.信噪比(S/N或SNR)

信噪比(S/N或SNR),是指有用信号与噪声的比值,它是摄像机参数中的主要指标,该指标越高越好。

4.高清摄像机中的高速电子快门

高清摄像机的高速电子快门使摄像机在拍摄高速运动的物体时,图像的细节更加丰富,显著提高了重放时,特别是慢镜头和定格(静帧)重放画面的清晰度。

5.宽容度

宽容度指高清摄像机能正确容纳景物的最高和最低亮度范围的反差比例。

6.分辨率

高清摄像机的传感器通常是CCD或CMOS,是有规律地分布着大量像素点的网格,像素点的纵横数就是我们所说的分辨率[①]。

7.噪点

高清摄像机获取的画面中常常会有噪点，尤其是在画面的阴影处或低照明条件下使用增益时会有噪点。画面中的噪点更加明显。虽然后期可以进行降噪处理，但仍会对画面的锐度有细微的影响（如图7–17所示）。

图7–17 画面噪点

8.存储方式

高清摄像机一般采用两种存储方式：磁带存储和数据存储。

9.声音

电影拍摄时，是声画分离录制的，摄影机负责画面记录，录音机负责将各种声音记录下来，然后再进行后期制作。过去是用打场记板来确定声画同步，现在一般通过摄影机和录音机记录下的时间码来确定声画同步。

大部分高清摄像机可以同时记录画面和声音，这可以使拍摄变得更简单。然而，声音的处理和画面的处理又属于不同部门。后期制作时还是需要单独处理声音素材，而且高端专用录音设备通常优于高清摄像机的录音系统，因此，大制作的影片常常会采用双录音系统。

7.2.4 高清摄像机的后焦点调整技术

后焦的调整准确与否，直接影响着大景别画面的清晰度，因此，当我们拿到一台摄像机后，必须校正摄像机镜头的后焦。如果摄像机的后焦不准确，把镜头推向长焦末端，用聚焦环调准前焦点，此时拍摄的特写画面是清晰的。当你把镜头逐渐拉至广角段时，画面的清晰度则会根据后焦调整偏差的多与少而发生不同程度的失焦，导致画面质量下

① 分辨率可以分为显示分辨率与图像分辨率。显示分辨率（屏幕分辨率）是屏幕图像的精密度，是指显示器所能显示的像素有多少。由于屏幕上的点、线和面都是由像素组成的，显示器可显示的像素越多，画面就越精细，同样的，屏幕区域内能显示的信息也越多，所以分辨率是个非常重要的性能指标之一。我们可以把整个图像想象成一个大型的棋盘，而分辨率的表示方式就是所有经线和纬线交叉点的数目。在一定的情况下，显示屏越小，图像越清晰，反之，显示屏的大小固定时，显示分辨率越高，图像越清晰。图像分辨率则是单位英寸中所包含的像素点数，其定义更趋近于分辨率本身的定义。

降。电视台中的很多技术人员都不清楚调后焦的正确方法，人云亦云。下文将介绍一下后焦点的调整方法。

第一，将光圈置于手动状态，并开至最大光圈。光圈置于手动状态的目的是将光圈开至最大，光圈开至最大是为了缩小景深，便于我们将后焦调整到最佳状态（最好不要在室外调整后焦点，而是在室内适合最大光圈照度的环境中调整后焦点）。

第二，将参照物置于3米以上的位置。

第三，将镜头推至长焦末端，调整前焦点到最佳状态。

第四，将镜头拉至广角末端，释放Marco锁定螺丝，调整后焦点至最佳状态（后焦环上所标的线对线位置只是大概的位置，必须进行准确调整）。

第五，重复第3、4步，观察长焦和广角端上的画面清晰度是否发生变化，如没有变化，说明后焦调节准确，这时锁定后焦环即可。

关于后焦点的调试问题，注意参照NX5摄像机。

本章思考与练习题

1.目前世界上存在哪三种互不兼容的彩色电视信号制式？

2.数字电视摄像机有哪些技术特点？

3.什么是拐点？

4.高清摄像机的光学系统由哪几个部分构成？

5.如何进行Detail Level图像细节调整？

6.如何进行高清摄像机后焦点调试？

7.欣赏优酷自制系列节目《一千零一夜》之《江南逢李龟年》。请大家谈谈对这部片子的看法并思考以下几个问题：

（1）该节目是由几个机位拍的，分别在什么位置？

（2）收音问题是怎么解决的？

（3）夜间拍摄的光线问题如何解决？请画出光位图。

第8章　光源色温与影视摄影之间的关系

这一章，我们一起了解光源色温与影视摄影之间的关系。在谈这个话题之前，我们先来认识一个概念——白光。说起白光，请大家思考一个问题：白光是什么光，它是什么颜色的呢？请大家看下面的选项，选出一个自己认为正确的答案。

在你看来，白光是什么颜色的光呢？

A.白色

B.橙黄色

C.红色

D.其他__________（请具体说明）

8.1　认识白光与色温

8.1.1　认识白光

最初，大家认为白光是无色透明的，然而，1666年牛顿把一束光线通过三棱镜分解成一条由红、橙、黄、绿、青、蓝、紫七色光构成的光带，证明白光是由各种不同波长的色光组成的。光线本身是无色透明的，是它激发了人眼的色觉，才使人们看到大自然的五彩缤纷。

正常的人眼能够辨别的波长范围是380—760纳米，称为可见光。在整个可见光范围内，人眼大约可以分辨出130种颜色，因而，我们把白光又称作全色光。科学证明，激发人眼色彩感觉的是光的波长，不同波长的光线色彩给人的感觉是不同的。下面我们来看一个表（如表8-1所示）。

表8-1 波长与色光

色光	波长范围纳米	色光	波长范围纳米
绿光	380—424	青色	492—565
紫光	424—455	黄色	565—595
蓝光	455—492	橙黄色	595—640
红光	640—760		

长久以来，人们白天在阳光下工作，夜晚在灯光下生活，并没有感到光线（色彩）有什么差异，并且都把它们视为白光，这是因为人眼对色彩具有一种适应性。高清摄像机的感光元件却不具有这种对色彩的适应能力，对白光的色度感知非常敏感而客观。因此，了解和掌握白光的色度特性对于影视摄影工作而言是十分重要的。

8.1.2 色温的意义

过去，我们常听到色温这个概念。有人认为光线的色温越高，其色调越暖，越偏向红色；反之，光线的色温越低，其色调越偏冷，越偏向蓝色。实际上，这只是一种看起来合理的说法。科学的结论恰好与之相反。我们知道，色温是利用绝对黑体辐射光的色度与温度之间的关系来显示白光色度的一种方法。色温又称色温度或光源色温，是说明热辐射光源的光谱成分的。色温是英国物理学家凯尔文（Kelvin，又翻译成“开尔文”）（如图8-1所示）于1848年在一次物理实验中发现的光色与温度之间的关系。凯尔文把绝对黑体（也称完全辐射体）放在密封的容器中加热。绝对黑体指既不反射光又不透射光的一种物体，是一种能够把投射光全部吸收的物体。如碳块，在完全不透光的黑暗的空间中，在没有外光的作用下，对碳块持续加热，使碳块的温度不断上升。随着温度的变化，辐

图8-1 英国物理学家凯尔文（Kelvin）

射光的颜色也会相应发生变化，就像铁块在不断加热的过程中会由暗红变亮为红、黄、白、青一样，辐射光的颜色也会随着温度的变化而变化。以绝对零度（–243.6℃）为计算起点，温度每升高1℃，色温相应提高1° K。所以，后来人们用凯尔文名字中的第一个大写字母“K”，来作为光源色温的标志单位。需要注意的是，色温既不是物体颜色的标志，也不是物体亮度的标志，它只能说明热辐射光谱成分的变化。下面我们来看一下常用光源的色温（如表8–2所示）。

表8-2　常用光源的色温

类别	光 源	色温（K）
自然光	日出日落时的阳光	2000
	日出1小时的阳光	3500
	日出2小时的阳光	4700
	上午9点—下午4点之前	5000—5800
	正午阳光	5500—5800
	日 光	5500
	晴天的阴影处	6000左右
	均匀的云遮日	6400—6900
	阴 天	6500以上
人造光	火柴的火焰	1700
	蜡烛光	1850
	标准英国烛光	1930
	40—60w白炽灯	2600
	摄影日光灯	5500
	电子闪光灯	6000
	三基色荧光灯	3200

以上常见光源色温的基本情况就是如此，更多日常生活中的光源色温状况，大家可以参考程科和张朴出版的《摄影摄像基础》第35页中的“小知识”。

8.2 光源色温对影视画面的影响

8.2.1 光源色温对画面的色彩影响

1.影响画面色彩的两个方面

第一，物体颜色的明亮程度由光源色温的高低决定，也就是说在不同色温的光源照明下的同一种颜色的物体，也会呈现出不同的明亮程度。

第二，同一物体受到不同色温的光线照射，会改变物体本身的色彩，因此，光源色温的高低在彩色摄像中会直接影响画面的色彩还原。目前所使用的数字高清摄像机不管它的型号如何，都只有光线的色温在3000K—3200K时，才能正确还原景物的色彩。因此，所有的摄像机都具有将色温改变为3200K的校色温滤光片，不管光源色温如何，当光线通过滤光片后，就把原光源改变成大致3200K的光源，使光源色温与摄像机所规定的平衡色温相一致，从而获得令人满意的色彩还原。当拍摄一个色温为3200K的白色物体时，从蓝色CCD中输出的信号会非常弱，从红色CCD中输出的信号会非常强，而对于一个5600K的发光体而言，这种比例关系则恰恰相反。在这两种情况下，需要调整白色R、G、B三基色信号的比例，这种调整称为“调整白平衡”。顾名思义，白平衡就是根据不同的发光情况分别调整红、绿、蓝三路输出中的视频电平，使其保持在1:1:1的关系，只有当这个比率在各种色温光线下都保持一致时，白色才能正常显示为白色。

2.光源色温与高清影视摄影之间的关系

当光源色温与数字摄像机所标定的平衡色温一致（或接近）时，画面中景物的色彩才能正常被还原；而当光源色温高于高清摄像机所标定的平衡色温时，画面的色调就会出现偏蓝、偏青的现象；反之，当光源色温低于高清摄像机所标定的平衡色温时，画面的色调则会偏橙红。（换言之，摄像机色温高时，画面色调偏橙、红；摄像机色温低时，画面色调偏蓝、青。）

8.2.2 校色温滤光片的类型及其应用

1.校色温滤光片的类型

目前，用来调整光源色温的滤光片主要有两大类：一类是用于降低光源色温的滤色片；一类是用于提升光源色温的滤光片。

(1)降低光源色温的滤光片

降色温滤色片系琥珀色，又称橙色系列滤光片。这种滤光片的颜色越深，降色温的幅度越大，颜色越浅，降色温的幅度越小。降色温幅度大的，为色温转换滤光片，降色温幅度较小的，为色温平衡滤光片。

常见的降色温滤光片主要有：雷登85系列的85B（如图8-2所示）、85、85C，以及雷登81系列的81EF、81D、81C、81B（如图8-3所示）、81A、81型滤光片。其中，雷登85系列为色温转换滤光片，雷登81系列为色温平衡滤光片。

图8-2 雷登85B色温滤光镜

图8-3 雷登81B色温滤光镜

(2)升高光源色温的滤光片

升色温滤光片系蓝色，又称蓝色系列滤光片。根据蓝色滤光片颜色的深浅程度进行划分，颜色深、升色温幅度大的为色温转换滤光片；颜色浅、升色温幅度小为色温平衡滤光片。

常见的升色温滤光片主要有：雷登80系列的80D、80C、80B、80A（如图8-4所示），雷登82系列的82、82C（如图8-5所示）、82B、82A型滤光片。雷登80系列升色温幅度大，颜色深，为色温转换滤光片；雷登82系列升色温幅度小，颜色浅，为色温平衡滤光片。

图8-4 雷登80A色温滤光镜

图8-5 雷登82C色温滤光镜

2.校色温滤光片的应用

外部色温高，摄像机内部的色温相对偏低，画面偏青、偏蓝，为保证画面的还原度和真实性，可使用橙色系列滤光片降低外部色温，使其符合3200K左右的平衡色温。也就是说，降色温可使用橙色系列滤光片。

外部色温低，摄像机内部的色温相对偏高，画面偏橙红，为保证画面的还原度和真实性，可使用蓝色系列滤光片升高外部色温，使其符合3200K左右的平衡色温。也就是说，升色温可使用蓝色系列滤光片。

8.2.3 白平衡调整

从色彩三要素的角度来看，当红、绿、蓝之间的比例关系达到1∶1∶1时，画面不会有任何偏色的情况。而当红、绿、蓝的比例为2∶1∶1时，画面将出现偏红的情况。此时，摄像师可以利用摄像机的白平衡功能，调节机器内部的红、绿、蓝CCD或者CMOS电平，提升绿和蓝的比例，使红、绿、蓝的比例平衡，最终将恢复到正常的颜色。一般意义上的白平衡调试是为了让摄像机拍摄的画面正常反映被拍摄对象本来的颜色。所以，白平衡只是在"抵消"偏色，而不是在改变画面本来的色彩。

1.白平衡调整的两层含义

首先，调整白平衡，使景物的光源色温与摄像机的三基色信号感光灵敏度相吻合，令画面中的景物色彩得到真实自然的还原。

其次，通过调整白平衡，有意创造出符合节目要求的画面内容，或增强画面气氛的一种特定艺术效果。

2.白平衡调整的两种方法

①粗调白

在白平衡调整过程中，只根据实际光源的色温值选择摄像机上相应的滤光片，而不再进行细微的调整，使不同光源照明下的景物色彩实现正常还原。

②细调白

不同光源照明时，为了提高景物色彩的饱和度或改变画面色调效果而进行的细微调整。

具体方法是：将摄像机变焦推向白色卡片或者18%灰板，使整个画面充满白色，之后打开白平衡功能开始校正色温，直至摄像机提示校正成功。

3.调整白平衡时需要注意的几个问题

第一，尽量使用专业的白色卡片、18%灰板①校正色温，不要使用打印纸校正色温，因为其表面有蓝色成分，如果使用其校色温会令色调偏暖。

第二，调白时尽量在顺光的环境中进行。

第三，调白时应让白色表面充满画面。

当然，还有一种白平衡的调试方法叫自动白平衡。这在摄像机自动挡模式下会自动运行，但其调试过程相对较慢，准确性较"手动模式"也逊色很多。

另外，还需要注意一个问题。在实际操作中，可能会遇到按规定动作调试白平衡无效的情况。具体表现就是按上述要求操作后，机器无任何反应。从多年的拍摄实践来看，排除机器故障的原因，一般出现这样的情况，都是因为摄像机进入了"图像自定义模式"，也就是我们常说的PP值设定模式（后文会专门讲到其设置的方式和具体功能）。在这个模式中，摄像机会按照该挡PP值的相关指标要求进行色彩指标设定，通常不会再接受细调白的操作。所以，如果当你发现无法调整白平衡时，极有可能是因为摄像机已进入某挡PP值，你只要将其关掉，便可进行正常的白平衡调节。

8.2.4 黑平衡

黑平衡主要是用来重置电压的，在这一电压值上，画面信号达到了摄像机或记录格式所能够处理的最低点。它会由于多种影响而发生变化，比如，环境温度的改变会对它产生影响。因此，保持系统能力去记录尽可能好的黑色是很重要的。调整黑平衡就是为了表现好画面中的黑色。

具体调整方法如下：

摄像机的黑平衡是否准确会影响所拍摄景物的颜色能否正确还原，尤其是画面黑色部分的颜色还原。在初次使用或者长时间未使用摄像机及遇上温度的突然变化时，都需要对黑平衡进行调整。如果黑平衡调整不到位，画面中黑色部分就会带有颜色，如黑头发、黑衣服会变成黑红色、黑紫色或黑蓝色，造成彩色还原失真，所以黑平衡对画面的彩色正确还原也是十分重要的。

在调整黑平衡时需要盖好镜头盖，使摄像机对黑色取样。在调整黑平衡时，通常摄像

---

① 18%灰板在摄影中的使用：将灰板置于被摄物的位置，使光线（自然光或人造光）与数码相机来自同一方向，将白平衡设定在手动白平衡位置，并选择校准功能，对着灰板调整对焦环到无穷远，调整距离或变焦使灰板占据整个屏幕，按快门拍摄一张失焦的画面，选择确认键，就可以得到真实的白平衡了。只要环境光线无大变化，接下来的拍摄将以正确的白平衡记录真实色彩。

机的光圈会处于自动模式，然后打开自动黑平衡开关，这时摄像机会自动关闭光圈，也可以将摄像机的光圈置于手动模式，但切记光圈一定要处于关闭状态，再启动自动黑平衡，经过几秒钟就能完成黑平衡的调整。

在实际操作中，使用黑平衡的机会较少，有些摄像机将黑平衡值设置为固定值，明确提示用户无须调节黑平衡。

【想一想】蓝色光源与色温偏蓝光源在电视画面上所呈现出的蓝色有何区别？

蓝色光源由于本身的色彩属性，加之正确的色彩还原，本应该是纯蓝色。而在白光条件下，由于色温调节不准，造成色彩偏蓝，并非纯蓝色。这是两者的主要区别。这种观点是典型的"同义反复"，并非直面问题的本质。

那问题的本质是什么呢？我们应该如何解释这一现象呢？

其实，解决问题的关键主要是实现对"白光"的理解。我们知道，白光是一种混合光，也就是由不同颜色的色光组成的。这两种蓝的区别就在于，在蓝色光源的光中，只有蓝色的成分。而在偏蓝的光中，各种光都存在，只是蓝色光占比较大而已。简单来说，一种是只有蓝，一种是偏蓝。

本章思考与练习题

1.怎样认识影视摄影中的白光与色温？色温在影视摄影中的意义是什么？

2.何为降色温滤光片、升色温滤光片？

3.如何使用降色温滤光片和升色温滤光片？

4.怎样调整白平衡？调整白平衡需要注意哪些问题？

第9章　光学镜头的结构与艺术特性

在前面的讲述中，我们了解了数字摄像机的基本结构。今天，我们就这个结构中最重要的组成部分之一——镜头做进一步的学习，了解光学镜头的结构与艺术特性。

在影视摄制中，我们应该熟悉和了解不同焦距镜头的基本性能，并正确地进行调节和运用，以确保画面的成像质量，达到特定的艺术要求。首先，我们来学习影视摄影镜头的性能与调节。

9.1　影视摄影镜头的性能与调节

9.1.1　焦点、焦距和像场、像角

1.焦点、焦距

摄像机的镜头由很多片凹透镜和凸透镜组成，凹透镜（也称作负透镜）用于校正像差，凸透镜则用于成像。任何镜头都可以被看作一片中间厚、四周薄的凸透镜。我们一般把透镜的左方作为物空间，把透镜的右方作为像空间。光线从左向右进入透镜，凸透镜可以将远处射来的直射光在透镜另一边的光轴上汇聚为一点，这个点就是摄影镜头的焦点，用f表示。镜头的前后均可以构成焦点和焦距，在镜头前的叫前焦点、前焦距，在镜头后的叫后焦点、后焦距。

在图9-1中，我们可以看到，凸透镜由于能汇聚光线构成一个实焦点，因此，其焦距作为一个正值；因为负透镜能散发光线，不能形成焦点，所以它的焦点是虚焦点。从焦点到镜头中心的距离，为镜头的焦距。焦距是衡量镜头性能的主要标志之一，决定镜头的视角大小、拍摄范围、透视程度和景深范围等。摄影镜头焦距的单位是毫米（mm）。

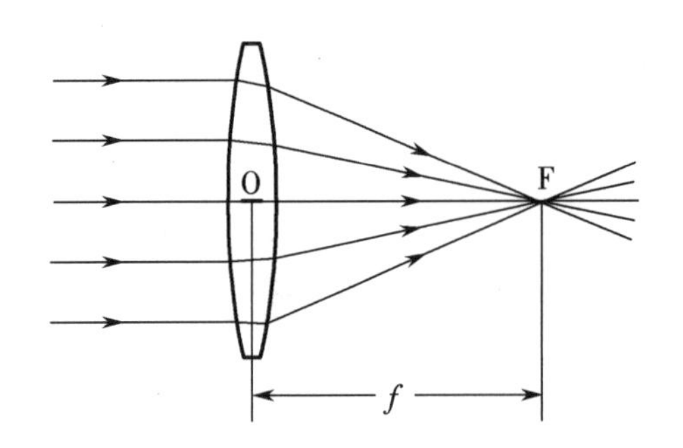

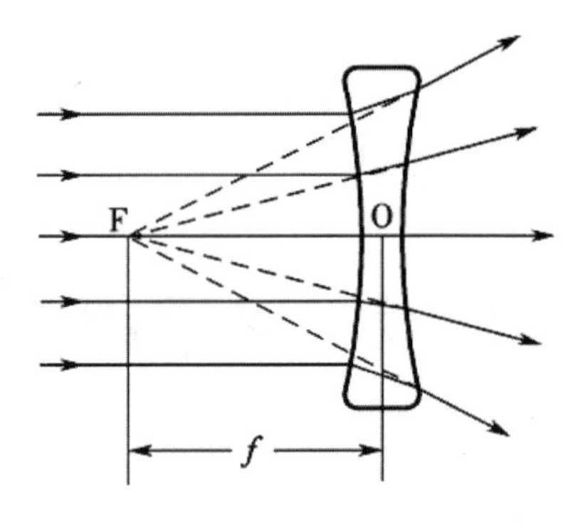

图9-1 镜头的焦距

图9-2 85mm镜头

摄影镜头焦距的长度都在镜头的聚焦环上有明显的标志。我们来看一个镜头（如图9–2所示）。

2. 像场和像角(视角)

像场是一个镜头通过向无限远调焦，在CCD的靶面上所形成的影像清晰范围（圆形），镜头中心与清晰范围的夹角叫作像角（像角和视场角之间是对顶角关系，因此它们之间相等）。在CCD靶面上形成的被摄体图像的大小应包括在像场内，一般的成像画面为长方形。

我们来看下面一幅图（如图9–3所示）。

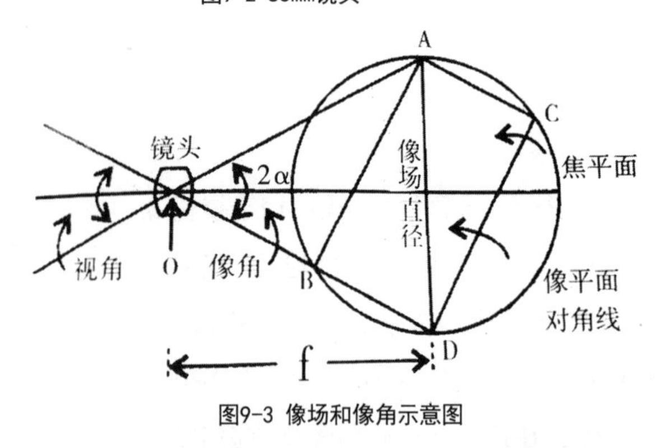

图9-3 像场和像角示意图

在图9–3中，O为镜头中心，ABCD为在靶面上的成像画面，AD为像场直径，即像平面对角线（实际上，像场直径大于像平面对角线，也就是像场的范围大于被摄物图像的利用范围），2α为像角，α为半角。当镜头焦距f越长，像角（视角）越小；当镜头焦距f越短，像角（视角）越大。

像角同镜头到底有什么关系呢？其实，像角是镜头分类的主要指标。

3. 镜头分类

①标准镜头

镜头焦距f与像场直径大致相近，视场角大约为40°—45°之间的镜头，被称为标准镜头。

②广角镜头、超广角镜头

镜头焦距f小于像场直径，视场角均大于60° 的镜头，被称为广角镜头，一般视场角在60° —130° 之间。

视场角在130° —180° 之间的镜头被称为超广角镜头，又叫鱼眼镜头。

③长焦镜头

长焦镜头的焦距f大于像场直径，其水平视场角小于35° 。

决定被摄对象在CCD上成像大小的因素是摄像机镜头焦距的长短。当距离不变，对同一物体进行拍摄时，镜头焦距越长，被摄物在像平面上的成像也就越大，其放大倍率也就越大；反之，镜头的焦距越短，被摄物在像平面上的成像面积也就越小，其放大倍率也就越小。

摄影镜头的焦距与视角（像角）之间的关系是：镜头的焦距越短，视角（像角）也就越宽；镜头的焦距越长，视角（像角）也就越窄。

9.1.2　镜头的相对孔径与光圈系数

镜头的光圈是由许多弧形金属片组成的，并构成一个孔，这个孔可以放大或缩小。多数光圈装在透镜组之间，用以调节镜头的进光量的大小。我们来看看下面这个图（如图9-4所示）。

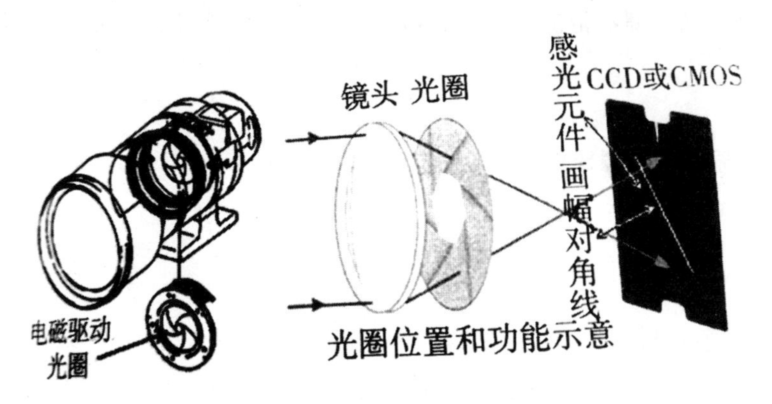

图9-4 光圈由许多弧形金属片组成

1.相对孔径

镜头的相对孔径是指该镜头的入射光孔直径（用D来表示）与焦距（用f来表示）之比。镜头的相对孔径大小决定着投射进的光线通过镜头量的多少，决定像平面照度的高低。

镜头相对孔径越大，透光能力越强，像密度[①]越大。

镜头相对孔径越小，透光能力越弱，像密度越小。

镜头相对孔径= $\frac{D}{f}$ ，它的倒数 $\frac{f}{D}$ 被称作光圈系数。

2.光圈系数

相对孔径的倒数就是光圈系数或者光孔的号码。相邻两挡光圈系数之间，数值上相差 $\sqrt{2}$ 倍。光圈系数值越大，则表示投射到成像平面上的光线量越少。光圈系数值每减少原数值的 $\frac{1}{\sqrt{2}}$ ，镜头纳入的光线量就增大原数值的2倍。也就是说，光圈系数同光圈本身成反比。

当然，在实际拍摄中，为了保证画面的技术质量，实现准确控制曝光量，有些新型的镜头（特别是在电影摄影机镜头中），除了标出f值光圈系数外，还有T值光圈系数。在光圈调节环上，T值光圈系数值与f制光圈系数在数字上彼此相对应，但T值光圈系数考虑了光线通过镜头时，通过率对像平面处照度的影响。

$$T值光圈系数=\frac{f值光圈系数}{镜头通光率}$$

3.光圈的主要作用

一是控制画面的景深范围；二是控制进入镜头的进光量，使画面能够获得正常的曝光量。

9.1.3 透视和影像比例

1.透视

我们在观察被摄物体时可以发现，同一物体，位于近处时，看起来较大，位于远处时，看起来较小。如果相当大的物体在画面中所占的空间不大，我们会感觉它离我们很远，因此距离增加，影像有缩小的现象。这其实就是我们在日常生活中看到的透视现象。

透视的特点是近大远小，这在油画、国画等艺术作品中也有体现。

---

① 像密度指的是光电信号值。

【课堂互动】

请三名同学参加实验，一名同学持手机拍照，另外两名同学做模特。一名同学站在近处，伸出手掌，另一名同学站在远处，成金鸡独立状，近处同学利用透视原理，选择恰当的位置，张开手掌，仿佛远处同学处于其手心中，之后让拍照的同学拍下。

2.影像比例

影像比例与镜头的焦距成正比，也就是说，焦距越大，影像比例越大；焦距越小，影像比例越小。在拍摄两个相同大小的物体或同一物体时，被摄物体与摄像机的距离不同，显出大小不同，距离差别越大，影像大小差别越显著，透视感越强。

9.1.4 景深与超焦距

1.景深

当摄像机镜头针对某一被摄物准确调焦之后，位于调焦物前后，能结成相对清晰影像的景物间的纵深范围。

2.景深范围、光圈大小、焦距之间的关系

第一，焦距和物距不变时，光圈越小，光圈系数越大，景深越大，前后景深范围越大；反之，焦距和物距不变时，光圈越大，光圈系数越小，景深越小，前后景深范围越小。

第二，光圈和物距不变时，焦距越小，景深越大，前后景深的范围越大；反之，光圈和物距不变时，焦距越大，景深越小，前后景深的范围越小。

第三，光圈和焦距不变时，物距越大，景深越大，前后景深范围越大；反之，光圈和焦距不变时，物距越近，景深越小，前后景深范围越小。

3.超焦距

摄影中的超焦距是景深中的一种特殊类型。当镜头调焦至无限远时，位于无限远处的景物与有限距离中某一点上的景物同时成像清晰，最近的影像的焦点会变虚。从最近的清晰点到无限远之间的景物都清晰，最近的清晰点到镜头之间的距离被称为超焦距。我们一起来看下面这个图，具体理解一下超焦距（如图9-5所示）。

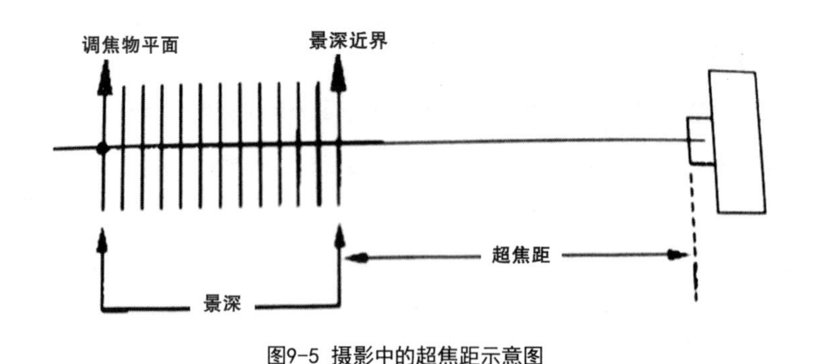

图9-5 摄影中的超焦距示意图

$$镜头的超焦距=\frac{镜头焦距^2}{光圈系数\times允许模糊的直径}$$ ①

【知识补充】关于镜头模糊圈

一幅画面中的影像看上去清晰或不清晰，取决于眼睛对画面上各部分细节的分辨能力，能分辨的画面则清晰，不能完全分辨的画面则不太清晰，完全不能分辨的画面则模糊。

影像是由无数明暗不同的光点组成的，构成影像的光点越小，影像清晰度也就越高。镜头聚焦于被摄景物的某一点时，该点在胶片上便产生焦点，焦点是构成影像的最小光点。这种最小光点是一种可测量其直径的极小的圆圈。离开聚焦点前、后的其他景物在胶片上不能产生焦点，它们的焦点或落在焦点平面前面（比聚焦点远的景物）或落在焦点平面后面（比聚焦点近的景物），而在胶片上成像的圆圈（光点）都比焦点上的圆圈（光点）面积更大。离聚焦点距离越远的景物（包括距镜头比聚焦点更远或更近的景物），在胶片上形成的圆圈（光点）面积也就越大。在一定距离内，聚焦点前后的景物在胶片上所形成的圆圈（光点）尽管在增大，但在视觉效果上仍能产生较为清晰的影像。当这种构成影像的圆圈（光点）面积增大到一定程度时，便开始构成模糊的影像，构成影像的这种圆圈越大，影像也就越模糊。在摄影上，我们把这种能在视觉效果上产生较为清晰影像的最大圆圈称为模糊圈。当影像的圆圈大于模糊圈时，就会产生模糊的影像；反之，当构成影像的圆圈小于模糊圈时，便可以产生清晰或较为清晰的图像。

模糊圈的最大直径主要由观看者的视力和观看照片的距离所决定。大多数照片是从较小的底片中放大而来的，因此，当制作同样大小的照片时，较小底片上的影像就需要比较大底片拥有更小的模糊圈，或者说需要有更高的清晰度。

① 允许模糊的直径指的是镜头可容许模糊圈的直径。

通过实验表明，视力正常者在光线充足的情况下，在距离照片25cm处观看时（这是通常观看照片的距离），对于模糊圈的直径为0.25mm的图像仍能产生较为清晰的感觉；而对于模糊圈的直径大于0.25mm的图像，看上去就较为模糊了。因此，底片上的影像所能容许的模糊圈最大直径，可以利用公式“最大模糊圈直径=0.25mm/放大倍率”来进行计算。

如果将24×36mm的底片放大成8×10英寸的照片，其中的放大倍率大约为8倍，根据上述公式：0.25/8=0.031mm，0.031mm就是135底片放大为8×10英寸照片时，底片上图像所能容许的模糊圈最大直径。又如，将4×5英寸底片放大为8×10英寸照片，放大倍率是2，那么，0.25/2=0.125mm，0.125mm就是4×5英寸底片放大为8×10英寸照片时，所能容许的最大模糊圈直径。搞清楚模糊圈的含义和实用要点后，我们就更容易理解当同一底片使用高倍率放大时，图像的清晰度会下降的原因了。

9.1.5 调焦、跟焦、移焦、定焦点

1.调焦

调焦，即调整焦点的简称，是指调节镜头环使影像落在焦点平面上，形成清晰影像。

常用的调焦方法有两种：一种是即时调焦，指依据被摄物体所处的具体距离来调整焦点；另一种是预调焦，指根据主体将要运动到的位置或运动的纵深范围，预先把聚焦环调节到相应的距离标尺位置上。

2.跟焦

跟焦，又称跟焦点，是摄像师根据被摄物体的运动轨迹，随时调节焦点，以保证被摄主体在画面中始终保持平稳而清晰的影像的调焦方式。

在拍摄过程需要采用跟焦方式拍摄的情况主要有以下几种。

第一，被摄体的运动改变了与摄像机之间的距离时就需要采用跟焦方式拍摄。

第二，摄像机的运动改变了与被摄对象之间的距离时就需要采用跟焦方式拍摄。

第三，当被摄对象与摄像机同时运动而改变了它们之间的距离时，就需要采用跟焦方式拍摄。

第四，被摄对象和摄像机都不动，但画面上的重点物体的远近有了变化，必须通过被

摄对象的虚实变化来突出远近时，需要采用跟焦拍摄。

3.移焦

移焦也称焦点转移，是指当被摄对象与摄像机都固定不动时，将焦点在两个人物（或是物体）之间转换，时而让甲人物清晰，乙人物模糊；时而又让乙人物清楚，甲人物模糊。这种虚实转换可以达到画面视觉中心的转移，体现出强烈的主观意识。拍这种画面时，通常使用长焦。

4.定焦点

定焦点又称对焦点，是影视摄影中最常用的方法。摄像师对准被摄主体进行聚焦，使被摄主体处在景深范围的中间，被摄主体的前后景深物都比较清晰。这种方法最接近我们的眼睛在观察物体时盯着物体看的效果，非常符合人们的观察习惯。

9.2 摄影镜头的特点及其应用

9.2.1 短焦距镜头

短焦距镜头又称为广角镜头，它的焦距比标准镜头短，同时又比鱼眼镜头的焦距长。此类镜头还可分为超广角镜头和普通广角镜头，前者的焦距接近鱼眼镜头的焦距，而后者的焦距接近标准焦距镜头的焦距。短焦距镜头的水平视场角均大于60°，一般处在60°—130°之间。

在使用短焦距镜头时，要注意透视变形对被摄主体的歪曲，要防止出现不适合表现大景深的物体，切勿滥用短焦距镜头。

图9-6　佳能50/f1.8镜头

9.2.2 标准焦距镜头

标准焦距镜头简称标头（50mm），视场角为42°左右。标头的焦距、视角、拍摄范围、影像放大率、景深都比较适中。

我们在拍摄中一般不宜采用标准焦距镜头过于靠近被摄人物拍特写，以免造成人物透视变形，歪曲人物形象。

图9-6显示的就是一款佳能的标准焦距镜头

（50/f1.8镜头）。

9.2.3 长焦距镜头

长焦距镜头，又称望远摄影镜头、窄角摄影镜头。它的焦距比标准焦距镜头的焦距长，其水平视角通常在10°—12°左右。

长焦距镜头的主要特点是视角窄、拍摄范围小、影像放大率大、景深小、所摄画面空间深度浅，一般不易表现被摄主体与周围环境的关系。该类镜头的焦距较长，最大相对孔径较小，成像质量不如标准焦距镜头。长焦距镜头只能拍摄狭小的景物空间范围，压缩了景深，提高了摄远的能力。

长焦距镜头由于景深小，不宜拍摄多层次的全景画面；视角小，不宜采用手持拍摄，应尽量采用三脚架，以保证影像质量。长焦距镜头相对孔径小，在低照度下用过长焦距镜头拍摄，会影响画面质量。

【实操小练习】

请一名同学尝试不使用脚架等稳定装置，手持摄像机拍摄远处物体，将摄像机镜头推至长焦末端拍摄。

9.2.4 变焦距镜头

变焦距镜头是由多组正、负透镜组成的，除固定镜组外，还有可以移动的镜组，通过镜筒上的变焦环，移动活动镜组，改变镜头镜片间的距离，达到连续变动镜头焦距的目的。

变焦距镜头的最长焦距值与最短焦距值的比值，为该镜头的变焦倍率。比如，目前摄像机中应用的变焦镜头，变焦倍率多为10倍（10mm—100mm）和15倍（10mm—150mm）等。变焦倍率越高，记录景物和表现空间的能力越强，反之，变焦倍率越低，记录景物和表现空间的能力能力则越弱。

我们在拍摄时应从内容需要出发，防止画面的抖动，切忌滥用变焦手法。

【影片欣赏】

欣赏国产电影《有话好好说》，注意观察影片中镜头焦距使用的特点。

本章思考与练习题

1.镜头的光学特性由哪些因素组成？各种因素对画面造型产生了什么影响？

2.解释透视、影像比例、景深、超焦距。

3.怎样区分标准焦距镜头、长焦距镜头、短焦距镜头和变焦距镜头？

4.长焦距镜头、短焦距镜头和变焦距镜头的定义及注意事项分别是什么？

第10章　影视摄影镜头的构成

在开始本部分的讲解之前，我们先思考一个问题：什么是镜头？

影视镜头有两层含义：一是指摄像机用来成像的一个部件，通常用“光学镜头”来表示；二是影视艺术范畴的专用术语。无论是从摄影师创作的角度来看，还是从后期剪辑的角度来看，镜头都是影视艺术中最小、最基本的单位。

镜头具有时间、空间这两个特性，空间特性是指镜头内部人物的动作、环境、背景等空间结构的变化，这与摄影师的构图有关；时间特性是指镜头在时间流程内的空间信息变化，它与摄影师拍摄时开关摄像机时间的长短有关。正是这两个特性，让镜头为演员提供了恰当的表演空间和时间。

有学者认为镜头构成即画面构成，画面构图多指绘画平面结构。笔者认为在影视摄影中画面构图不如镜头构成的含义更为明确。从影视摄影角度来看，构成一个镜头的元素有很多方面，例如画幅比例、画面景别、拍摄角度等。

10.1　画幅比例

目前，电视屏幕有两种形式，一是4∶3的普通屏幕，二是16∶9的宽幅屏幕（高清是16∶9宽幅的屏幕形式，也就是1∶1.78）。

最常见的画面宽高比有1∶2.39（也称为宽荧幕，在20世纪70年代以前，宽荧幕的宽高比一直是1∶2.35）、1∶1.85（美国院线标准，也称为无变形银幕）、1∶1.66（欧洲院线标准）、1∶1.33（16mm及35mm胶片的拍摄画幅，在20世纪50年代之前一直是影院的放映格式，也是模拟电视的格式），如图10-1所示。

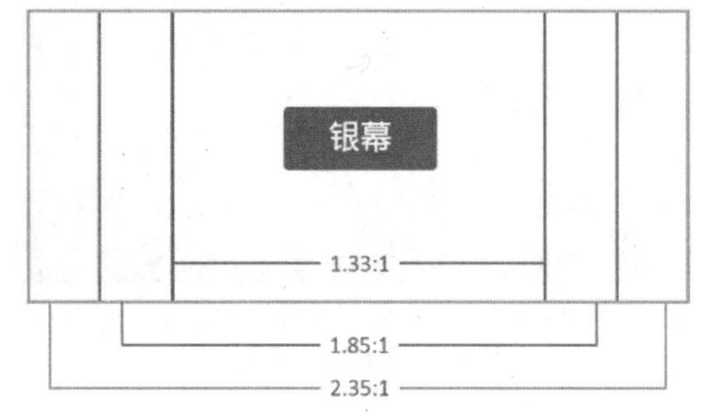

图10-1 常见的电影画幅比例示意图

10.2 画面景别

10.2.1 景别的定义与划分

1.景别

景别是影视画面表现被摄对象的空间范围。它取决于拍摄距离和使用的光学镜头焦距的长短。当镜头焦距不变时，拍摄距离越远，景别越大，反之，距离越近，景别越小。在同一拍摄距离上，镜头的焦距越长，景别越小；镜头的焦距越短，景别越大。（也就是说，决定景别的因素有摄像机同被摄物体之间的距离、摄像机镜头的焦距。）

通过上面的讲述，我们可以给景别下一个定义：景别就是被摄物体在电视画面框架结构中的大小和范围。

2.景别的类型

目前，世界上对景别的划分并没有统一的标准。我们在实际创作中，一般以被摄主体（人物）在画幅中被画框截取的部位的多少为标准对景别进行分类，具体可分为以下几种。

（1）远景

远景（人物在画面中大约占画幅高度的1/2）是一种情绪性景别，没有明显主体和具体活动状态，适宜表现环境，呈现比较开阔的场面和环境空间，远景中的人物与环境形成点面关系。拍摄远景时多选择侧光或逆光，画面内容简洁。

大远景（人物在画面中大约占画幅高度的1/4）适宜表现辽阔深远的背景。拍摄大远景时要从大自然本身去找形式框架。大远景通常放在段落开头处介绍环境，放在结尾处发挥抒情作用，表达情绪。我们可以将此类镜头称为“情绪性镜头”。

图10-2 第一届金鸡奖（1981年）最佳摄影《天云山传奇》中的远景画面（导演谢晋，摄影许琦）

（2）全景

全景又称“带头带脚”的全身镜头。拍摄全景时，要注意在画面上下保留适当的环境和人物活动空间，表现人物全身形象或具体场景的全貌画面（全景画面有画面中心和画面主体），选择贴近人物活动的有关空间，确定被摄人或物在实际空间中的方位。

（3）中景

中景画面一般摄取人物膝盖以上的部分，主要表现人物上半身的行为动作，是拍摄时常采用的描写性镜头。中景往往负责实现大远景、远景、大全景、全景与近景、特写之间的景别过渡，属于“叙述性镜头”。

图10-3　第三十四届奥斯卡最佳影片《西区故事》中的大远景

（4）近景

近景是指表现人物胸部以上，并占据画幅面积一半以上的景别。被摄主体常居于的主导地位，表现人物的神态和情绪。展现人物介绍、讲话者、人与人之间的交流等均可使用该种景别。

图10-4　第九届金鸡奖（1989年）最佳影片《晚钟》中的全景画面

近景拍摄过程中要注意画面形象的真实、生动和客观，注意空间关系及水平线关系，选择被摄对象最佳的表现角度，注意用光方法，注重以人物的背和身体作前景。

拍摄时，近景还可用于对新闻人物的抓拍，属于“强交流镜头”。

图10-5　韩国电影《恶人传》中的中景镜头

（5）特写

特写通常用于表现人物肩部以上的头像，或某些被摄主体人物的肖像。一般来说，画幅下方取景到人物的第一颗纽扣至第二颗纽扣之间。

特写画面中的人物形象占据整个画面，环境空间由于构图关系和镜头焦距关系完全被淡化和虚化。

特写镜头极具造型渗透力和表情性，能较准确地传达叙事情节，深入观众的内心。人物的面部表情，能呈现出丰富的情感，在视觉上起到强调突出或暗示的作用。

图10-6　第十届金鸡奖（1990年）最佳影片《开国大典》中的近景镜头

另外，特写还能起到夸张形象、形成悬念、镜头转场和越轴连接的作用。

在拍摄过程中，我们要注意实现画面饱满，控制曝光度，不能滥用特写镜头。毕竟，特写镜头属于一种强化性景别。

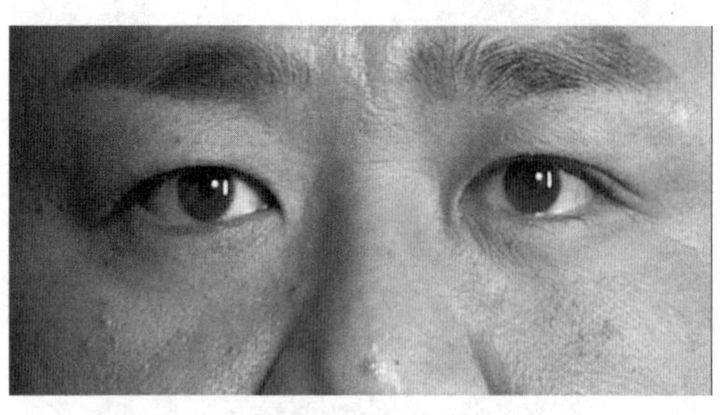

图10-7 电视剧《武朝迷案》中的大特写画面

(6) 大特写

大特写表现的是人物或景物的局部画面，是近景景别的极致表现（如图10-7所示）。

(7) 满景景别

满景景别对画面中被摄主体的判断和评价标准，不是以人物为出发点，而是以景物为出发点。被摄主体在画面框架结构中占据了全部或绝大部分画面的空间，无论被摄主体的体积大与小，都以它们的体积占满（充满）画面为目的。

3. 全景系列景别和近景系列景别的结构特征

全景的结构特征主要体现在其广阔性和完整性上。全景画面通常能够覆盖较大的场景范围，通过特殊的拍摄和拼接技术，可以将水平或垂直方向上更广泛的视野纳入画面中。这种拍摄方式能够展现出场景的宏观结构和整体布局，使观众能够一览无余地欣赏到广阔的场景和丰富的细节。摄影师在拍摄全景照片时，需要考虑到场景的构图和元素的布局，以确保画面的平衡和美观。

近景的结构特征则更加注重于局部和细节的表现。近景通常聚焦于场景中较小的一部分或特定对象。摄影师通过近距离的拍摄手法，突出对象的形态、纹理和色彩等细节特征。这种拍摄方式能够让观众更加深入地观察和感受到对象的质感和细节之美。摄影师在拍摄近景照片时，需要运用光影和构图技巧，凸显被摄对象的形态特征和细节之美。

全景在结构特征上注重于表现广阔性和完整性，近景在结构特征上注重于表现局部和细节。摄影师可以根据拍摄需求和创作意图来选择合适的拍摄方式，以展现出场景的独特魅力和细节之美。

4. 以影片内容来确定画面的造型元素

影片内容对画面造型元素的影响主要体现在以下几个方面。

第一，影片的主题和情感基调是确定画面造型元素的关键因素。例如，如果影片是一部浪漫爱情片，那么画面可能采用柔和的色调、温馨的灯光和浪漫的场景设计，营造浪漫的氛围；如果影片是一部动作片，画面则可能采用更为鲜明、对比强烈的色彩和动感的构图，突出紧张刺激的氛围。

第二，影片中的角色设定也会影响画面造型元素的选择。每个角色都有其独特的性格、身份和背景，这些都需要通过画面造型来得以体现。例如，主角的服装设计、妆容以及所处环境的装饰等，都要根据角色的特点进行精心设计，以便观众能够更深入地理解和感受角色的内心世界。

第三，影片的情节发展也会决定画面造型元素的变化。随着故事的推进，画面中的元素可能需要不断地进行调整，以适应情节发展的需要。例如，在表现角色经历重大转变的场景时，画面可能会采用较为夸张或对比强烈的色彩和构图，以突出这种转变的戏剧性。

第四，导演的个人风格和审美观念也会对画面造型元素产生重要影响。不同的导演可能会有不同的视觉偏好和表达方式，这也会反映在他们的作品中。因此，画面造型元素的选择和运用，往往也是导演个人风格和审美观念的一种体现。

综上所述，影片内容通过多个方面对画面造型元素产生影响。从影片主题和情感基调到角色设定，再到情节发展及导演风格，都会对画面造型元素的选择和运用产生重要影响。因此，导演在制作影片时，需要根据影片内容来精心设计和运用画面造型元素，以便更好地传达影片的主题和情感，提升观众的观影体验。

10.2.2 景别的处理方式

在具体创作中，我们应该从以下四点来思考对全片景别的处理。

第一，影片第一个镜头的景别与最后一个镜头景别之间的对位与呼应。

第二，每一场戏[①]开头时的第一个镜头景别与这场戏最后一个镜头的对位与呼应。

第三，下一场戏开头的第一个镜头景别与上一场戏的最后一个镜头景别之间的对应与呼应。

第四，遵守每一场戏的第一个镜头景别的呼应对位规律，以及每一场戏最后一个镜头景别的呼应对位规律。

① 一场戏通常是指在一个场景里的一段戏，能清楚地交代这段戏里的主要人物关系，可能会有很多镜头，也可能只有一个镜头。

10.3 拍摄角度

拍摄角度又称画面角度、镜头角度、机位高度的角度，其实就是摄像机拍摄时的视点。拍摄视角对导演来说是一种影视语言的表述形式，会影响人物的造型和空间的构成，决定画面的光影结构、位置关系和感情倾向。

在影视制作实践中，一旦机位确定，拍摄角度便决定了拍摄距离、拍摄方向、拍摄高度构成的三位一体关系。

10.3.1 拍摄角度与画面

首先，拍摄距离表现了画面的透视关系。

其次，拍摄方向表现了画面的背景关系。

最后，拍摄高度体现了画面拍摄角度的核心。

10.3.2 拍摄角度的功能

拍摄角度的功能具体如下。

第一，夸大强化原有场景空间的透视关系。

第二，体现人物的位置和叙事关系。

第三，表达人物的特定形象。

第四，拍摄角度既可以处理成主观的，也可以处理成客观的视觉形式。

第五，拍摄角度决定了影片的视觉风格形式。

10.3.3 影视摄影中的镜头角度

我们以人的视线为基点，把镜头角度划分为生理角度和心理角度。

生理角度是指摄像机与被摄主体所构成的几何角度，包括垂直平面角度（摄影高度）和水平平面角度（摄影方向）。

心理角度是指摄像机与被摄主体所构成的心理角度，包括主观心理角度和客观心理角度。

以下从拍摄高度和拍摄方向两个层面展开分析。

1.拍摄高度

摄影机相对于演员的高度，呈现出的观众与演员的相对关系。

①平角

摄像机处于相对水平的位置，所拍画面不变形，画面稳定，地平线处于中间位置，画面上下等分，呆板单调。用长镜头拍摄纵向运动物体时，画面显得格外饱满。镜头高度与演员的眼睛齐平，拍摄角度为平角。

②俯角

摄像机高于被摄对象视平线时，利于表现地平面景物的层次、数量、地面位置和盛大场面，也利于表现对峙双方的力量对比，不利于表现人与人之间的情感交流。俯拍镜头（High Angle Shot）的摄像机位于视线水平之上，仿佛在俯视被摄主体。

③仰角

摄像机低于被摄对象视平线时，能起到净化背景、突出主体的作用，有利于强调画面中主体的气势，能突出前景，压缩背景，表现强烈的透视效果。运用广角镜头仰拍，会使近景中的人物及景物更加高大，使远景中的人物、景物离镜头更远，造成强烈的距离感和透视感。仰拍镜头（Low Angle Shot）将摄像机置于被摄主体的视线水平之下，让观众仰视主体。

通常，我们通过仰拍镜头来表现人物的自信、权力或支配地位，而通过俯拍镜头表现人物的软弱、被动或无助。这种诠释并不是绝对的，根据画面所呈现的内容的不同，传达出的意义也可能是完全相反的。仰拍或俯拍这样的构图虽然很具有活力，但也会分散观众的注意力。将摄像机略微高于或低于视线水平线就足以影响观众的心理。图10-8中的两个例子来自弗洛里安·亨克尔·冯·多纳斯马的《窃听风暴》（*The Lives of Others*，2006年）。影片通过这样的构图来表达男主角截然相反的两种情绪状态——上方画面是从一个稍微偏低的角度拍摄的，展现了一个自信的，有点威胁性的史塔西国家安全局职员魏斯曼（乌尔利希·穆厄饰），他正有条不紊而又冷酷无情地审问

图10-8 电影《窃听风暴》中仰拍、俯拍的运用

一名疑犯，直到其供认罪行。下方的画面出现在影片比较靠后的地方，此时运用的是俯角拍摄，强调魏斯曼在监听到史塔西要突击一位民主人士的居所时其内心的紧张与恐惧，因为这位民主人士是自己一直冒着生命危险来保护的人。

2.拍摄方向

拍摄方向，即摄像机与被摄对象在水平平面上的相对位置，通常表现为正面拍摄、侧面拍摄、背面拍摄。

①正面拍摄

正面拍摄表现被摄主体的正面特征，画面对称、稳重，有利于表现人物面对面的交流，但容易造成呆板的感觉。拍摄主体时角度不宜过正。

②侧面拍摄

侧面拍摄具有明显的透视和较强的纵深感，使画面中的主体突出，画面风格较为活跃。

③背面拍摄

背面拍摄，即摄像机位于被摄主体的正后方进行拍摄，使观众产生同一视像效果，创造悬念感。

10.3.4 影视摄影中的客观性角度和主观性角度

1.客观性角度

客观性角度，即叙述性角度，依据日常生活中的视觉观察习惯而进行的拍摄，相当于第三人称角度。该角度拍摄的画面平易近人，贴近生活，现场感强。在新闻、纪录片、现场直播、电视剧等绝大多数节目中都以客观性角度拍摄为基础。

拍摄中，摄像师需要以正常视野、等高机位、标准镜头拍摄，俯仰拍摄必须有情节依据和生活逻辑依托。

2.主观性角度

主观性角度是模拟画面主体的视点和视觉印象进行拍摄的角度。这种拍摄角度追求表现性，以拟人化的视点，调动观众的参与感、注意力，加强画面主观色彩，引发观众的强烈心理感受。用主观性角度拍摄画面，要注意前后画面的组接必须合理、有依据。

【实例分析】

欣赏《神探狄仁杰》第一部第一集中31分40秒—35分34秒处的内容，学习两个主观镜头如何由特写镜头进行串联。

10.4 选择拍摄角度时应注意的问题

10.4.1 影响拍摄角度的因素

第一，要关注被摄主体的特征。

第二，必须从全片视觉造型风格来规划及运用镜头角度。

第三，镜头角度要充分考虑人物造型和人物形象（人物形象包括演员的外形和演员塑造的形象）。

第四，适当改变镜头角度，调整观众的视觉注意力，形成视觉变化节奏。

第五，使用大仰大俯角度，要顾忌主客观镜头的要求。

第六，人物拍摄的角度变化范围不宜过大。

第七，每一场景的总角度是指拍摄中的主角度，又称为总方向。确立总角度是为了使场景空间关系能够准确表达，使各镜头统一于全景的拍摄角度。

第八，角度转换（变化）的两种形式：一种是切换转换，即上一个镜头是俯拍，下一个镜头则是仰拍。另一种是运动转换，即利用人物的运动（如从站到坐，从上到下）和摄影机机位的运动，造成画面拍摄角度的连续转换。

10.4.2 在影视摄影时处理好镜头的长度

内容决定镜头的长度；解说词、台词决定镜头的长度；景别决定镜头的长度；构图形态决定镜头的长度；影片的节奏决定镜头的长度；影片的叙事风格决定镜头的长度。

本章思考与练习题

1.景别在电视节目中有何意义？

2.在处理电视画面景别时要注意哪些问题？

3.拍摄角度决定画面空间构成的哪三种关系？

4.选择拍摄角度时应注意和考虑哪些问题？

5.怎样认识电视摄影中的客观性角度和主观性角度？

6.在电视摄影时怎样处理好镜头的长度？

第11章　索尼PXW-FS5摄像机的使用与调试

2015年11月2日，索尼在北京举行了外拍体验活动，并将索尼专业级4K摄像机PXW-FS5作为体验机型。这是世界上首款搭载了Super 35mm规格传感器的机型，与此同时，还内置了电子可变ND滤镜。

灵活的模块式设计让PXW-FS5可以实现优异的画质拍摄和灵活的创作，因此，PXW-FS5是一款非常轻巧便携的Super 35mm摄像机，能够为用户提供最苛刻条件下的机动式拍摄。

图11-1　PXW-FS5摄像机

PXW-FS5作为PXW-FS7 4K Super 35mm（以下简称FS7）摄像机的补充机型，延续了FS7的优异表现。同时，作为FS7的简化版，它还具有高质量的成像能力，能够满足各种专业环境的拍摄需求。

PXW-FS5最让消费者眼前一亮的是它具有的模块化快装式设计，无须使用专门的工具即可快速方便地将其分解为多个部分。在它的机身顶部和底部均装有1/4英寸螺孔，能够轻松安装在无人机等设备上（如图11-2所示）。

图11-2　PXW-FS5模块化的快装式设计

在机身重量上，PXW-FS5做到了令人惊讶的0.8千克，机身搭载的1160万像素的Super35 Exmor CMOS传感器，不仅支持4K高清视频录制，还做到了10 bit 4∶2∶2的全高清视频拍摄240fps的高帧率。对于主打高速摄影的索尼FS系列摄像机产品而言，PXW-FS5真的给人们带来了一种前所未有的拍摄体验。

目前，PXW-FS5单机身的价格在32 000元左右，搭载18—105mm镜头需要36 000元左右，搭载28—135mm镜头需要48 000元左右，具体价格会随市场行情有所变化。

今天我们就给大家介绍索尼PXW-FS5 4K超高清手持式摄像机。我们一起来了解下这款摄像机的基本部件和控件。

11.1 识别部件和控件

11.1.1 机身

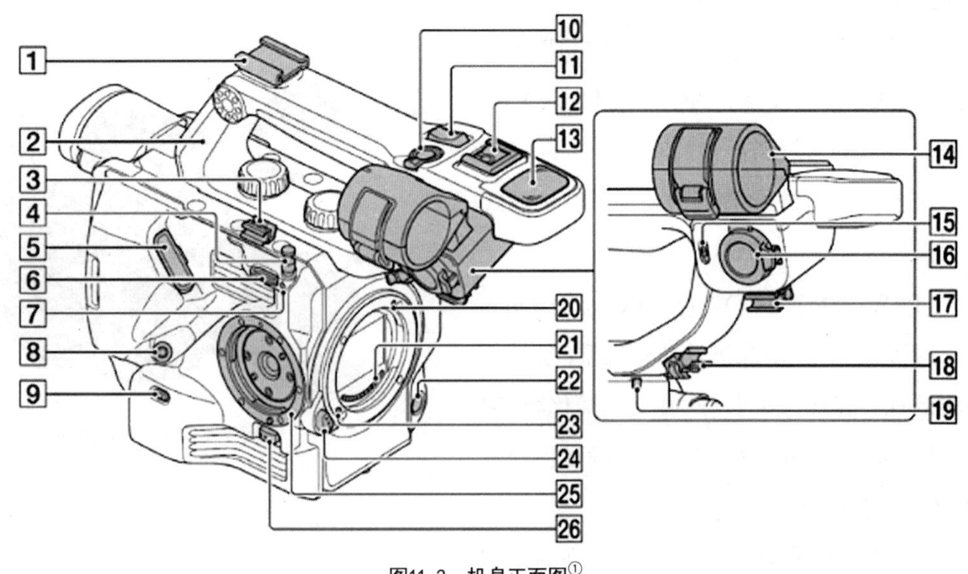

图11-3 机身正面图①

表11-1 机身正面的按钮说明

1	附件插座	8	REMOTE插孔	15	INPUT 2开关	22	WB SET
2	XLR手柄	9	INPUT 1开关	16	INPUT 2插孔	23	镜头锁定针
3	电缆夹	10	手柄录制按钮	17	电缆夹	24	镜头释放按钮
4	卷尺挂钩	11	手柄变焦杆	18	电缆夹	25	把手连接点
5	液晶屏连接插孔	12	多接口热靴	19	拍摄灯（前）	26	把手释放按钮
6	肩带连接点	13	内部麦克风	20	安装标记点		
7	影像传感器位置标记	14	麦克风固定器	21	镜头接点		

① 注：本章摄像机机身及各部件示意图均引用自索尼官方PXW-FS5摄像机操作说明。

我们从机身正面来看，主要有以下几个部件、按钮需要重点强调。

1号键：附件插座，一般可以接无线麦克风的接收器部分，或者接外接补光灯、监视器等。大都采用类似热靴的接口进行固定。

2号键：XLR手柄，该手柄可以通过下端同机身相连的两个旋钮进行拆卸。在官方介绍中，本机可以连接无人机使用。

8号键：REMOTE插孔，连接本机遥控手柄。

9号键：INPUT 1开关，本机音频输入端口1。后文还会介绍音频输入端口2，其使用的接口均为卡农接口。

10号键：手柄录制按钮。一般在低机位拍摄中，摄影师手握上提手柄时使用。摄影师用大拇指按压此键，可实现镜头的推拉操作。

11号键：手柄变焦杆。本机一共有两个变焦杆，这里指的是主变焦杆。在变焦杆的使用方面，通常需要用三个手指，即食指、中指、无名指同时按住变焦杆。当需要推摄的时候，无名指用力，食指和中指轻按住另一头，保证匀速或者变焦速度可控；当需要拉摄的时候，食指用力，中指和无名指按住另一头，保证匀速或者变焦速度可控。请注意，在拍摄中，推拉是为画面内容服务的，不可随意地进行推拉，也不可随意地改变推拉的速度。这在后面章节讲述运动镜头时，笔者还会有详细的论述。

13号键：内部麦克风。这是摄像机自带的麦克风，关于它的调节问题，我们在后文还有相关的论述。这里先做一个提示，在有外接音源的情况下，如果要混合使用，需要对收音控制旋钮进行调节，否则会出现收音情况不佳甚至是未收音的情况。

19号键：前拍摄灯。它和后拍摄灯均可以在菜单中进行调节，一般在隐性采访或者偷拍中，摄影师可以选择将前后拍摄灯关闭。

22号键：WB SET，即白平衡校正键。笔者在前文中已讲述了白平衡校正的两种主要方法。这里主要是从细调白的角度讲述22号键，当进行完前期包括自动手动切换、白平衡挡位切换后，摄影师拿出白卡进行校正，最后一步则需要按住22号键，实现最终的白平衡调整。一般而言，2—3秒左右，色温值就会显示。

24号键：镜头释放按钮。我们在更换镜头时，可按下此按钮，旋转镜头即可拆下。当需要安装镜头时，我们需要将镜头上的红色标记点同机身上的对准点对齐，然后旋转镜头加以固定即可。请注意，镜头是摄影机的专门部件，安装拆卸时需要特别小心，不要出现坠落现象。当把镜头拆下时，请放在安全的地方，避免放在光滑桌面出现滑落的情况。

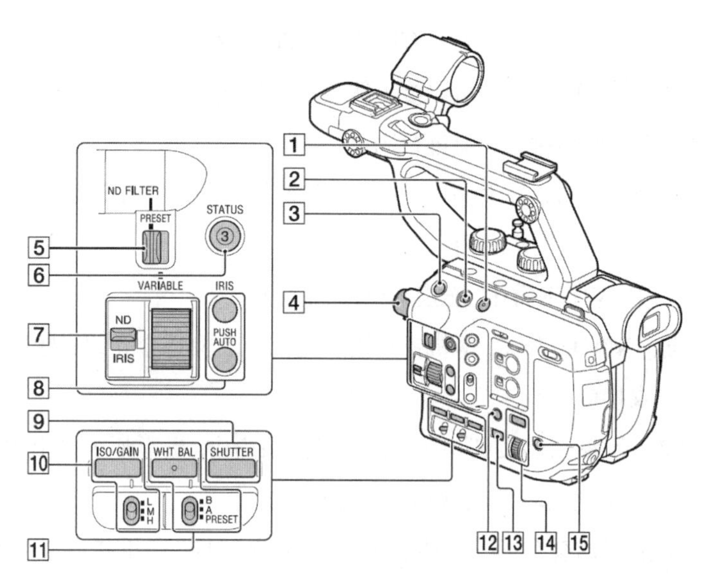

图11-4　机身侧面图（一）

表11-2　机身侧面的按钮说明（一）

1	FULL AUTO按钮	9	SHUTTER按钮
2	HOLD开关	10	ISO/GAIN按钮及L/M/H
3	START/STOP按钮	11	WHT BAL按钮及B/A/PRESET
4	ND FILTER拨盘	12	DISPLAY按钮
5	PRESET/VARIABLE开关	13	THUMBNAIL按钮
6	ASSIGN 3/STATUS按钮	14	MENU按钮及SEL/SET拨盘
7	ND/IRIS 开关	15	SLOT SEL按钮
8	IRIS-PUSH AUTO按钮		

下面，我们继续学习机器侧面的部件、按钮。

1号键：全自动按钮，在进行光圈、快门速度、感光度、增益等功能调节时，需要将此按键切换到手动状态。具体的做法是轻按该键，绿色指示灯熄灭时即已调到手动状态。

2号键：锁定开关，防止误操作。尤其是在固定机位拍摄时，类似主机位的摄像机往往由导播统一控制，为防止过往人员触碰，可将此开关打开。

3号键：录制键。本机一共有三个录制键，这是其中之一。

4号键：ND FILTER拨盘，也就是中灰滤镜拨盘。拨盘上有四个挡位，分别是1、2、3和Clear挡，也就是“ND1”（1/4）、“ND2”（1/16）、“ND3”（1/64）和“0”（或者叫“清除”）。在本机中，4号键是需要同5号键配合使用的。

5号键：PRESET/VARIABLE开关，PRESET是预设、预置的意思，如果将摄影机调至这一挡位，表示将使用4号键中固定的ND1、ND2、ND3挡；如果将摄影机的挡位调至VARIABLE一侧，即“可变的挡位”，摄影师可以使用7号键将功能从光圈（IRIS）切换到中灰滤镜（ND），然后再旋转右侧的拨盘，就可以将本机的ND值从1/4调至1/128。

当然，这里需要注意一个问题：如果需要使用VARIABLE挡位，自定义摄影机的ND值，需要事先将4号键置于ND1、ND2、ND3挡中的任意一个挡位，决不能将挡位置于Clear挡。因为在Clear挡表示命令摄影机不需要ND，如果再调整7号键右侧的拨盘，摄像机就会报错。原因很简单，一方面摄影师告诉机器“我不使用ND”，另一方面又要求自定义ND值，机器就不知道摄影师到底要怎样了。所以，在操作过程中，一定要注意这个细节。

6号键：ASSIGN 3/STATUS按钮，也就是状态按钮。按下此键，摄影师可以看到音频电平等状态数据。

7号键：ND/IRIS开关，ND为中灰滤镜开关按钮，IRIS为光圈调试按钮。

8号键：IRIS-PUSH AUTO按钮，即自动光圈按钮。

9号键：SHUTTER按钮，即手动/自动快门速度按钮。当选择了这一按钮后，屏幕下端会显示一个白框，里面有个数字，这个数字就是当前的快门速度。摄影师通过右下方菜单键一侧的拨盘可改变当前的快门速度。如果需要恢复到自动挡状态，仅需再次按下SHUTTER按钮。

10号键：ISO/GAIN按钮，即感光度、增益按钮。在PXW-FS5摄像机中，为了节省空间，增强集成性，感光度和增益的按钮在同一个键位上。这就需要我们在设置菜单中进行切换。这里首先以GAIN为例进行说明。增益是在曝光不足的情况下，通过电的方式提升曝光。L/M/H是出厂设置的三个固定增益挡位（也可以是感光度的挡位），默认情况下是0db、9db、18db。有人曾提出质疑，在使用机器时，L/M/H挡并非0db、9db、18db。其实，这三个值是可以在菜单中加以修改的。这里强调的，只是出厂时的默认值。

11号键：WHT BAL按钮，即白平衡键，后设挡位B/A/PRESET。其中，B和A没有差别，只是机器设置的两个便于设置白平衡值的挡位。例如，摄影师在室内拍摄时存一个色温值，到户外时存另一个色温值。如果需要回到刚才的室内，则可以直接选择刚才存储的挡位。PRESET是预设、预置的意思，是摄影师在粗调白时使用的。从严格意义上讲，机器并非在调白，而是在选择一个色温值。

12号键：DISPLAY按钮，即显示开关。所谓的“显示”指的是摄像机显示屏内显示的相关参数和信息。DISPLAY按钮用于控制显示与否和显示的内容大小。主要分为三挡：全部显示、简单显示、不显示。

13号键：THUMBNAIL按钮，即显示缩略图的按钮，也就是我们通常在拍摄之后需要使用到的一个功能——回放。

14号键：MENU按钮，即菜单键，旁边的SEL/SET拨盘是select/set的意思，也就是"选择"和"设置"。

15号键：SLOT SEL按钮，即卡槽选择按钮。本机一共有两个SD卡的卡槽，既可以单独使用一个，也可以同时使用两个，可以在菜单设置中设置首先使用的卡和随后使用的卡，两个卡之间可以进行无缝的切换。也就是说，当第一个卡容量已满时，机器会自动在第二个卡开启一个新文件夹继续存储。

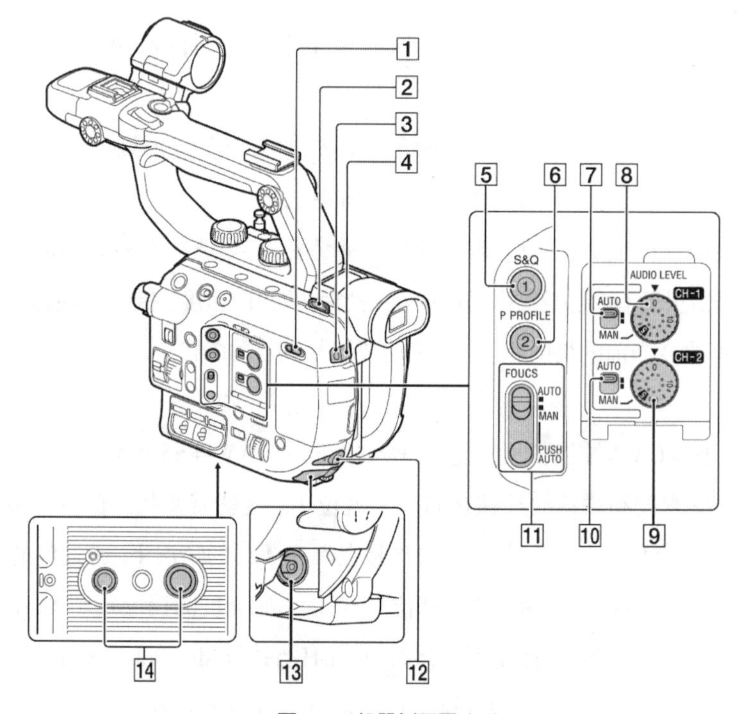

图11-5　机器侧面图（二）

表11-3　机身侧面的按钮说明（二）

1	ON/STANDBY开关	8	AUTO LEVEL（CH-1）拨盘
2	肩带连接点	9	AUTO LEVEL（CH-2）拨盘
3	拍摄灯（后）	10	AUTO/MAN开关（CH-2）开关
4	遥控感应器	11	FOCUS（AUTO/MAN）开关及PUSH AUTO 开关
5	ASSIGN 1/S&Q按钮	12	耳机孔
6	ASSIGN 2/PROFILE按钮	13	DC IN插孔
7	AUTO/MAN开关（CH-1）开关	14	三脚架插孔

下面，我们接着从左后方观察设备。以下几个键位和开关需要大家注意。

1号键：ON/STANDBY开关，即电源开关。

5号键：ASSIGN 1/S&Q按钮，即功能指定键1，也就是S&Q按钮。S&Q是机器自带的“快慢动作按钮”，无须使用升格或者降格就可以实现画面的快动作和慢动作，而且一次成像，不需要进行后期的处理。

6号键：ASSIGN 2/PROFILE按钮，即功能指定键2，也就是PROFILE按钮。这个按钮的全称其实叫“P PROFILE”，也就是“Picture Profile”，即“图像配置文件”或者“自定义图像质量”。在PXW-FS5摄像机中，一共有PP1—PP9共计9个挡位。当你在摄像机菜单键中将这些PP值调出来的时候，你会发现每个PP值菜单之下都可以对色彩等指标进行设置，其中便涉及我们在前面章节提到的“拐点”“伽马”“黑伽马”“图像细节电平”等参数。这里需要提醒大家注意的是，当你还未真正意义上掌握前文的所有知识，并不熟练掌握相关调试技巧，请不要随意设置这些参数，以免后期难以处理，形成废片。

7—10号键：音量、声道控制部分。这在后文中会详细介绍。

11号键：FOCUS（AUTO/MAN）开关，即聚焦功能调节按钮。AUTO表示自动聚焦，MAN表示手动聚焦，而下端的PUSH AUTO是即时自动聚焦键。一般是在我们使用手动聚焦时，如果需要把镜头对准物体聚实，除了调节变焦环外，还可以使用此键。摄影师只需要按住此键不放，机器就会自动将当前镜头正对的物体聚实。

12号键：耳机孔。在日常拍摄实践中，耳机监听是十分重要的。尤其是在广播电视拍摄领域，利用本机麦克风收音的情况比较常见，如果不注意监听声音，一旦出现问题根本无法弥补。

13号键：DC IN插孔，即电源接口，需要适配器来配合使用。一般在固定机位长时间拍摄中需要使用。

14号键：三脚架插孔。三脚架插孔本身没有太多需要强调的，关键是三脚架的安装问题。很多初学者或者在校学生，在安装三脚架时常出现两个问题：第一，不会安装快装板，要么是装反了，要么是装好了却怎么也插不进云台。这主要是因为没有认真观察快装板的前后方向，或者没有将云台侧面的锁定按钮、开关打开，再或者有些快装板并不是插入，而是在松开云台卡扣的前提下，将装好快装板的摄像机直接放进（摁进）云台；第二，不会调平脚架。一些初学者会简单地认为，调脚架就是把“三条腿”调到一样的高度。实际上，这只是第一步，很多时候，由于地面不平，我们是很难将脚架调平的。这就需要我们借助脚架上的平衡仪。平衡仪一般有两种，一种是圆形的，里面有一个圆圈；另一种是条形或者柱状的，里面有两条竖线。无论是圆形或者条形、柱状的，里面都会有水珠，当水珠到达中心圆，或者条形、柱状中间两条竖线的中间时，表示此时的脚架是平衡的（如图11-6所示）。

当然，还有一个问题需要强调。按照上述方式操作也许还不能把脚架调平。摄影师需要将云台下端的旋钮松开，调整云台的位置，同时观察平衡仪的状态。当已达到水平状态时，即可固定拧紧这个旋钮。

图11-6　相机三脚架上的水平仪

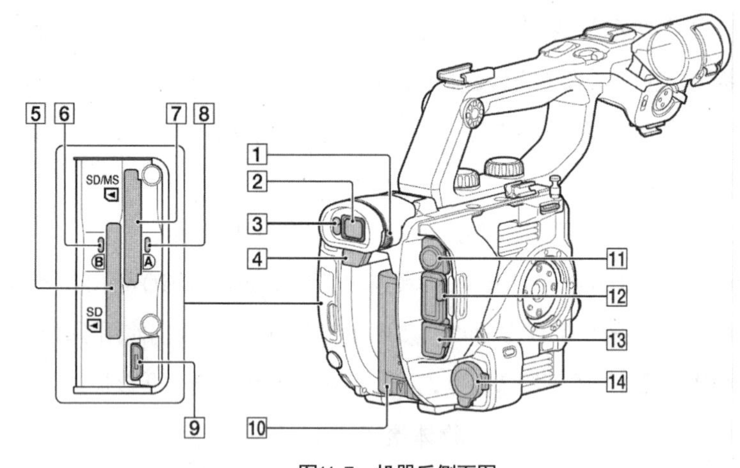

图11-7　机器后侧面图

表11-4　机器后侧面的按钮说明

1	屈光度调节拨盘	8	存储卡存取指示灯
2	取景器	9	Multi/micro USB插孔
3	视觉传感器	10	电池
4	BATT RELEASE	11	SDI OUT插孔
5	存储卡插槽B	12	HDMI OUT插孔
6	存储卡存取指示灯	13	有线LAN端口
7	存储卡插槽A	14	INPUT 1 插孔

下面，我们从右后侧方继续介绍一些重要的按键。

1号键：屈光度调节拨盘，实质上就是一个类似放大镜的设备，便于视力不佳或者佩戴眼镜的人，通过此设备的放大效果，看到寻像器内的影像和参数。当然，屈光度调节拨盘不能无限放大，不可能满足任何人的需求。一般来讲，对于近视超过500度的用户来说，屈光度调节拨盘的调节能力也是有限的。

5—8号键：这一组主要是与记忆卡有关的插槽。这里主要强调SD卡的插拔问题。SD卡一般分为两面，一面是有字的，主要是卡的品牌、容量、存取速度等信息；另一面是芯片和相关编号。摄影师在插卡时，应将有字的一面朝向外侧，芯片向里侧插入。切勿将有字的一面朝向自己，这样卡是无法插入的。在日常的拍摄中，笔者就曾经看到少数初学者，将SD卡有字的一面朝向自己，当发现无法插入时，以为是卡槽太紧，于是铆足劲儿往里插，最后的结果是卡进去了，取不出来了，最后，只能送修，拆机后才能取出SD卡。

11号键：SDI OUT插孔，主要用于接监视设备，例如监视器等。

12号键：HDMI OUT插孔，即高清输出插孔，可以接监视器。

13号键：有线LAN端口，内置有线网络，可进行流媒体直播。

14号键：INPUT 1 插孔，即音频输入端口1，采用卡农接口（如图11-8所示）。

图11-8 卡农接口音频线示意图

11.1.2 液晶屏

PXW-FS5的LCD显示屏是外置的，不同于其他款型的摄像机，其液晶屏为外置，且可以拆卸。这里主要强调三个部分（如图11-9所示）。

1号键：该按钮为LCD显示屏开关，如果处于关的状态，则摄像机后方的寻像器将自动打开。当然，在实际拍摄中，可能会出现LCD屏幕与寻像器同时显示的情况。这种一般是连接线路上的故障。

2号键：该按钮为屏幕镜像开关，通过挡位调节可以实现LCD屏幕内容在水平、垂直方向上的翻转。这个开关主要的作用是为摄影师等提供翻转的影像，以便在浏览影像、拍摄时更为便利地进行观察和调整。

3号键：该部件为LCD屏固定支架，可以调节液晶屏的位置、高度等。

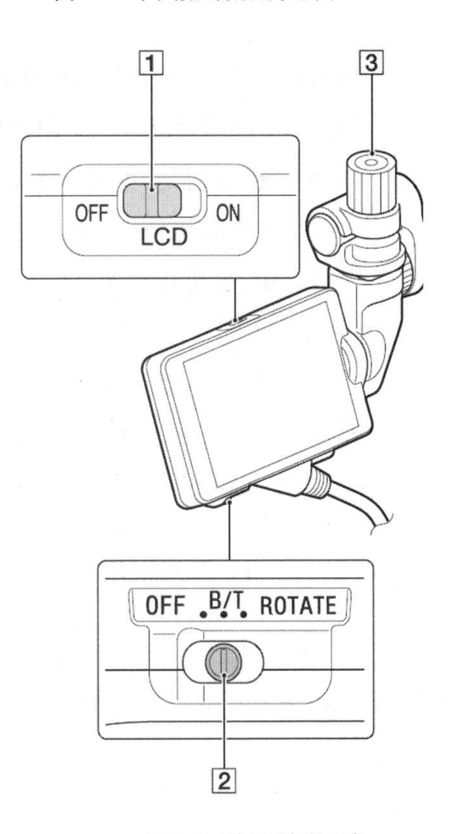

图11-9 液晶屏部件示意

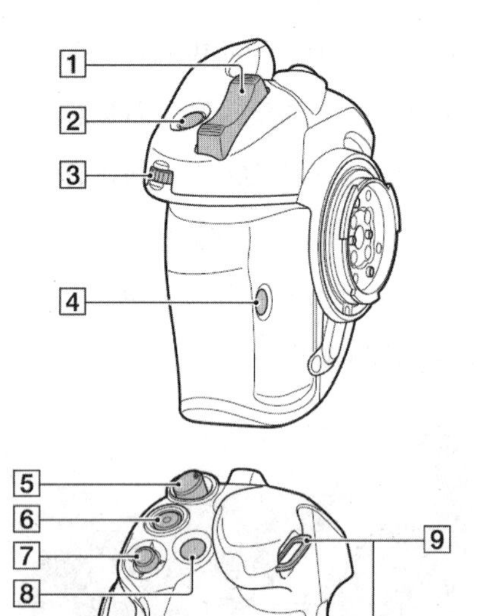

图11-10　把手主要按键示意图

11.1.3　把手

把手部分是摄像机的重要部件，这里笔者主要强调其8个关键的部件（如图11-10所示）。

1号键：把手变焦杆，也称为“双焦柄”。本机一共有两个变焦杆，除了把手上的这一个外，还有一个在机器上方的手柄上。

2号键：Assign4/FOCUS MAG按钮，即功能指定键4号，扩展对角按钮。在其他一些机型上也有“Focus Expanded”这样的说法，其基本的含义是相同的。

3号键：Assign拨盘，用于切换Assign功能键。

4号键：Assign6，该键出厂时并未指定相关功能，可由拍摄者进行自定义操作。

5号键：把手旋转杆。为了方便摄影师在不同机位上的拍摄，尤其是仰角、俯角的拍摄，本机特意设计了把手的旋转杆，方便拍摄者调整把手的角度。操作的方法是按住5号键不放，然后旋转把手到需要的位置后，松开5号键即可。

6号键：录制键。本机一共有三个录制键，这是其中的一个。还有两个，一个在机身左侧，一个在机器上方的手柄上。

7号键：多重选择器，即一个包含上下左右键的按钮，也可以按中间部分，实现SET（设置）的功能。一般在使用菜单时用得较多。

8号键：Assign5，功能指定键5（类似笔记本电脑中的Fn按钮，主要功能是在紧凑布局中以组合键方式定义更多“一键两义”的按键）。使用者可以通过菜单指定相应的功能，也可与其他功能键配合使用，以实现指定功能。

11.1.4　屏幕指示

屏幕指示部分主要分为四个区域：左上方、中间、右上方和底部。下面我们依次来了解各个区域的主要指示及功能。

1.左上方区域

左上方区域的屏幕主要显示电池剩余电量、摄像机当前的拍摄格式、光学变焦的位置以及其他一些模式的开启状态。

2.中间区域

中间区域的屏幕主要显示存储卡状态、摄录状态（REC，录制或者STBY待命）、警告标志（例如电池告警）、回放时的播放和暂停指示，以及命令处理中的指示等。

3.右上方区域

右上方区域的屏幕主要显示录制时间提示、时间代码、记忆卡状态等。

4.底部区域

底部区域的屏幕主要显示脸部识别、峰值（Peaking，开启后画面中的被拍摄物体会被描边，一般有黄、白、红三种，主要是便于摄影师聚焦）、斑马线、伽马显示辅助、手动对焦、PP值、ND挡位、光圈、感光度、增益、快门速度、自动挡标识、白平衡值、直方图（用于观察当前画面的曝光情况，一般而言，如果峰值偏左，表示曝光偏弱；如果峰值偏右，表示曝光较高）、音频电平（右下角，这是观察收音是否正常的重要途径。一般接入两个不同音源时，两条电平向右运动的幅度不同。如果发现并排向前，一般是采用了内置话筒收音；如果都未有变化，则可能是没有音源接入或者设置错误）等。

11.2 录制

11.2.1 录制按钮

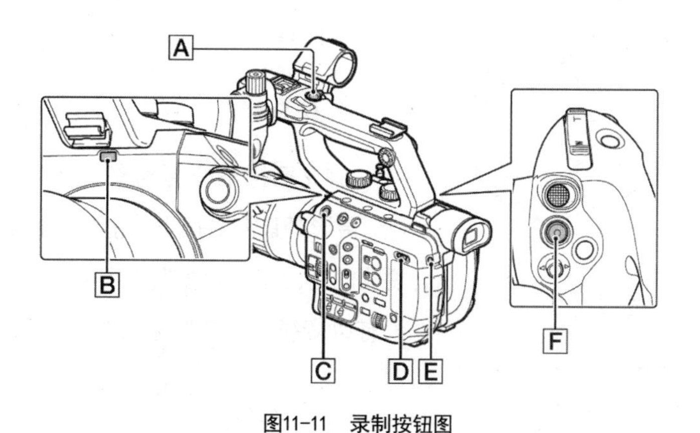

图11-11 录制按钮图

前文已有介绍，本机共三个录制键，即上图中的A、C、F三键。主要为了方便摄影师在不同姿态下均可较为便捷地使用录制功能。在拍摄过程中，当按下录制键时，屏幕正中央会显示红色字体REC，当暂停录制，也就是再次按下录制键时，屏幕上方会显示绿色字体的STBY。

11.2.2 调节变焦和对焦

1.调节变焦

本机调节变焦主要有两种方式，一种是在手动情况下，旋转镜头的变焦环；第二种是通过把手或者手柄上的变焦杆来实现焦距的变化。本机的变焦杆均是依靠按压力来控制的。有一些设备在变焦杆处设置了专门的挡位，用于关闭变焦功能，以及匀速或者依照力量大小改变变焦速度。本机的变焦杆不具备挡位的切换功能。

2.对焦

本机的对焦方式主要有两种：一种是在自动挡情况下的自动对焦，另一种是手动对焦。

在手动调焦时，首先需要将A键置于MAN处，之后旋转镜头聚焦环即可调整焦点。而在手动状态时，如果需要对摄像机当前对准的被拍摄事物进行快速对焦，则可以使用B键。具体的使用方法是：按住B键，也就是按住AUTO键不放，摄像机会在2—3秒左右将当前画面聚实。这在进行新闻纪实拍摄、纪录片创作中具有突出作用。当然，如果不需要手动聚焦，摄影师只需要将挡位切换到A挡即可。

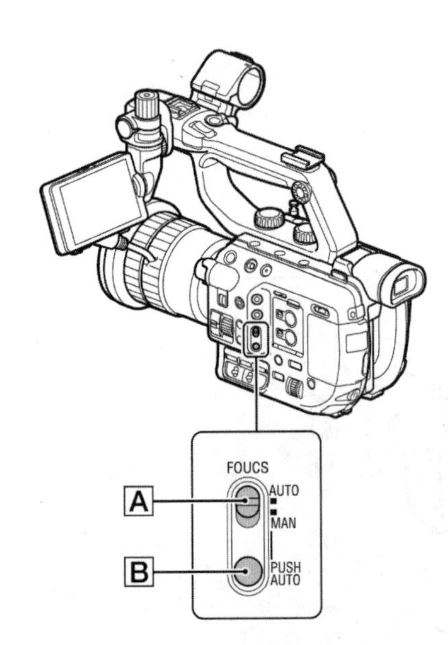

图11-12　手动对焦部件示意图

3.对焦放大

前文已详细介绍对焦放大功能，这里不再赘述。摄影师只需要按下功能指定键4即可实现。需要说明的是，此时摄像机提供的只是一个辅助参考，并没有改变摄像机实际采集到的画面。

4.脸部识别

本机智能化程度较高，有类似手机、单反、微单的人脸识别功能。如果需要开启该功能，摄影师可以打开MENU（菜单），在摄像/绘图菜单中选择“人脸识别”并将其置于“开”的状态。之后，可移动光标，一般是橙色方框，用SEL/SET拨盘进行选择，然后点击确定即可。

11.2.3 该机的录制设定和图像尺寸调整

拍摄之初，摄影师首先要进行拍摄格式的选择和设置。在本机中，设置的方式如下。

首先，打开MENU（菜单），选择拍摄/输出设定，之后依次点击拍摄设定、文件格式，最后选择所需格式。

目前，PXW-FS5摄像机支持的格式比较多，详情可参考表11-5。

表11-5 PXW-FS5摄像机4K模式格式统计表

XAVC QFHD 4K模式	
60i	50i
2160/30p 100Mbps	2160/25p 100Mbps
2160/30p 60Mbps	2160/25p 60Mbps
2160/24p 100Mbps	
2160/24p 60Mbps	

这里的4K主要是指电视4K，分辨率为3840×2160，帧率有30、25、24三种，均属于逐行扫描，拥有60Mbps和100Mbps两种比特率可供选择。这里需要强调一点的是，当选择4K模式进行拍摄时，要特别注意对SD卡的选择，最好使用读写速度均在100Mb/s的高速卡进行拍摄。那些通常在单反相机上使用的低速卡，或者仅能承载高清信号的卡，例如80Mb/s左右的SD卡，不适合在4K模式下进行拍摄。很多时候，摄像机也会提示无卡，或者报错。

在高清信号方面，PXW-FS5涵盖了大多数其他品牌拥有的格式，具体见下表所示。

表11-6 HD模式相关格式统计表

60i	50i
1080/60p 50Mbps	1080/50p 50Mbps
1080/60p 35Mbps	1080/50p 35Mbps
1080/60i 50Mbps	1080/50i 50Mbps
1080/60i 35Mbps	1080/50i 35Mbps

续表

60i	50i
1080/60i 25Mbps	1080/50i 25Mbps
1080/30p 50Mbps	1080/25p 50Mbps
1080/30p 35Mbps	1080/25p 35Mbps
1080/24p 50Mbps	–
1080/24p 35Mbps	–
720/60p 50Mbps	720/50p 50Mbps

PXW-FS5在高清模式下，分辨率一般为1920×720，也就是1080P；还有一种分辨率是1280×720，即720P。用户可选的帧速率为24、25、30、50、60。扫描方式为P（逐行扫描）和I（隔行扫描）。可选择的比特率为25 Mbps、35Mbps、50 Mbps。

表11-7　AVCHD格式

60i	50i
1080/60p PS	1080/50p PS
1080/60i FX	1080/50i FX
1080/60i FH	1080/50i FH
1080/30p FX	1080/25p FX
1080/30p FH	1080/25p FH
1080/24p FX	–
1080/24p FH	–
720/60p FX	720/50p FX
720/60p FH	720/50p FH
720/60p HQ	720/50p HQ

PXW-F5S在AVCHD模式下，分辨率为1920×720或者1280×720，帧速率为24、25、30、50、60。扫描方式为P（逐行扫描）和I（隔行扫描）。比特率在AVCHD格式中有专门的标识，如PS，最大为28Mbps；FX，最大为24Mbps；FH，大约为17Mbps；HQ，大约为9 Mbps。

11.2.4　调整亮度

谈及摄像机亮度，专业人士不太愿意用亮和暗来表达曝光的强弱。一般而言，所谓的亮度主要通过几个方面来实现：一是光圈，二是感光度，三是增益，四是快门速度，五是ND滤镜。下面我们以PXW-FS5为例，依次进行说明。

1.光圈

在纪实类、新闻类广播电视节目或者影视作品的拍摄中，一般使用自动挡的情况较多。在特殊构图或者影片内容需要时，摄影师应当熟练地掌握手动光圈的调节方法。下面，笔者以PXW-FS5摄像机为例（如图11-13所示），详细说明手动光圈的调节方法。

第一，将全机自动挡改为手动挡。具体的操作是将A键按下，取消全机自动挡，绿色指示灯熄灭。

第二，将E键按下去，把光圈（IRIS）切换为手动挡。

第三，将B键切换到IRIS一侧。

第四，拨动C拨盘，即可调节光圈。注意，由于本机镜头不带光圈环，只能通过此方式调节光圈。

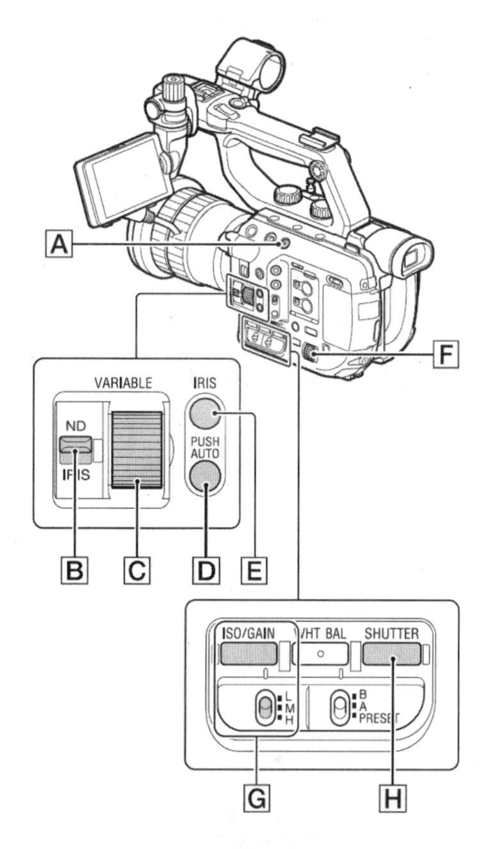

图11-13　手动调节光圈部件示意图

2.感光度

感光度的调节非常简单，首先需要将全机的自动挡关闭，之后按住ISO/GAIN键，直到液晶屏下端感光度前方的A形图标显示，即已进入手动调节感光度的状态。之后，在下方的L/M/H中任选一个挡位的值即可。L、M、H的默认值分别为1000、1600、3200，范围是1000到3200。当然，有可能按下ISO/GAIN键以后，出现的不是感光度而是增益的选项，这是因为前文讲到过的，为了节约空间，PXW-FS5在设计时将感光度和增益两个键集成在了一起，如果需要使用其中一个，需要在菜单中，也就是摄像/绘图菜单下，对ISO和亮度增益进行切换，然后在其子菜单中对L、M、H三挡进行设置。

3.增益

增益的调节方式和感光度如出一辙。一般情况下，L、M、H的出厂默认值为0db、9 db、18 db。当然，这个值可以根据用户的需要进行设置。其增益的范围为0—30db，每次可逐步递增3增益值。也就是说，增益值在本机中只可能是0 db、3 db、6 db、9 db、12 db、15 db、18 db、21 db、24 db、27 db、30 db，不可能出现类似10db、13db、25db这样的值。当然，在别的机器中情况则有所不同，例如索尼NX5摄像机，就存在0db以下的值，例如-3db。其增益的范围是-3—21db。

4.快门速度

调节快门速度首先需要将全机设置为自动挡，之后按下H键，也就是SHUTTER键。之后，你会看到液晶屏下端有数字被白色框套住，白色框里的值就是当前的快门速度。摄影师此时只需要转动MENU键旁边的拨盘即可改变快门速度。一般来讲，当采用60i进行拍摄时，快门速度的范围是1/8—1/10000；当采用50i进行拍摄时，快门速度的范围是1/6—1/10000。

5.ND滤镜

ND滤镜在前文讲述部件时已作详细讲解，这里不再赘述。

11.2.5 调节色调

在调节色调方面，笔者重点强调色温的调节，即白平衡的调节（如图11-14所示）。前面章节已对色温、白平衡问题进行了阐述，这里主要针对PXW-FS5摄像机的白平衡调节方法进行说明。

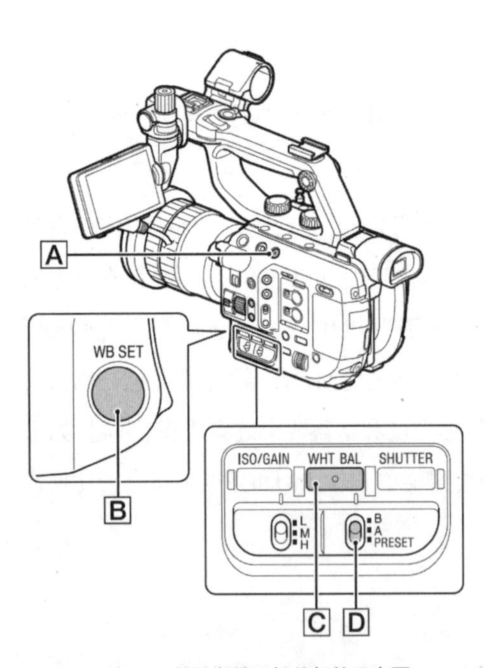

图11-14 白平衡校正相关部件示意图

白平衡的调节方法主要有两种：一种是粗调白，另一种是细调白。

1.粗调白

第一，将全机的自动挡切换到手动挡，也就是将A键按下去，绿灯熄灭。

第二，将C键按下去，打开WHT BAL键，白平衡校正模式启动。之后，在D中进行选择。D主要包括三个挡位：B、A、PRESET。这里，我们选择PRESET，也就是预设挡。

第三，打开摄像/绘图菜单，在WB预设中选择所需的设定。

2.细调白

第一，将全机的自动挡切换到手动挡，也就是将A键按下去，绿灯熄灭。

第二，将C键按下去，打开WHT BAL键，白平衡校正模式启动。液晶屏中会出现“”。之后，在D中进行选择，选择A或B。

第三，将白卡置于摄像机前方，让白色充满画面，之后按住B键不放，也就是WB SET键。“”标志开始闪烁，大约几秒钟，标志消失，并在消失处显示当前的色温值，例如，6500K。

当然，如果需要恢复自动色温值，摄影师只需要将机器恢复自动挡即可。需要注意的是，当机器刚开机进入某一场景时，需要有一段自动校正的时间。

说完白平衡，简要介绍一下黑平衡。一般情况下，黑平衡是不需要校正的。当更换了新镜头或者进入一些特殊的录制场景，例如比较暗的环境时，需要进行黑平衡校正。具体操作步骤如下：

首先，打开MENU（菜单），然后选择摄像/绘图，再选择黑平衡。之后，按照屏幕提示，盖上镜头盖，然后选择是。摄像机将自动进行黑平衡校正，几秒后提示完成，黑平衡校正结束。

11.2.6　音频设置

关于音频设置，前文已分析了音频接口，这里主要说明使用内部麦克风、外接录音设备进行收音时相应的设置。

1.内置麦克风的设置

首先打开MENU（菜单），选择“音频设定”——“CH1输入选择”，再选择“INT MIC”。然后，按照同样的操作，选择“音频设定”——“CH2输入选择”，再选择“INT MIC”。这里的INT指的是Internal，也就是内部的意思，MIC指的是麦克风。

2.通过外部设备进行录音

在讲述外部设备录音前，我们必须熟悉PXW-FS5摄像机接入外部录音设备的插孔和调节旋钮（如图11-15所示）。

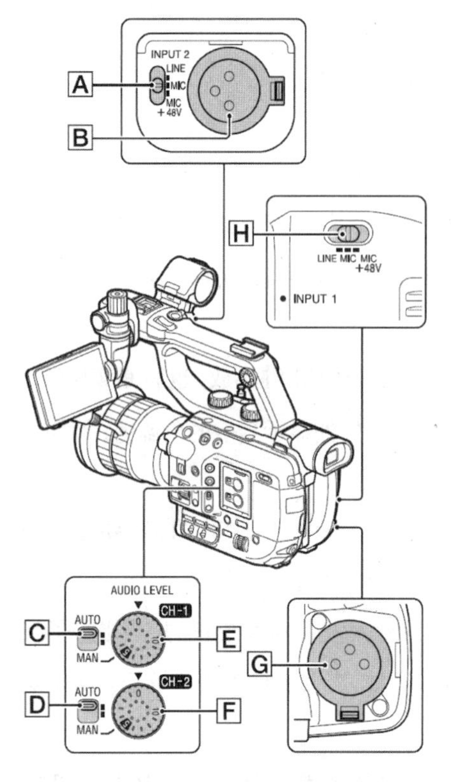

图11-15　PXW-FS5音频调节相关部件示意图

从图11-15可以看到，本机共有两个外接音频接口，分别在B和G两个位置，也就是INPUT 2和INPUT 1。

我们在INPUT 2上可以看到，A键一共有三个挡位，分别是LINE、MIC和MIC+48V。其含义是外部音频设备（包括混音器等）、动圈式麦克风[①]或带有内置电池的麦克风、+48V电源（幻象电源[②]）麦克风。与之相对应的C、D、E、F几个键位和旋钮，主要是用来控制外接音频设备的音量大小的。一般分为0—10挡，如果不需要手动调节，可以将C、D两个键位调至自动模式，则可实现CH-1和CH-2的音量均由摄像机自动控制。

在使用外接音频设备时，一定要调试好以上的内容，再配合使用耳机，随时监听收音情况。特别是在有无线麦克风输入的情况下，考虑到传出和接收单元的电量问题，要高度重视收音的状况，避免出现拍摄事故。

11.2.7　Wi-Fi功能

本机的Wi-Fi功能主要用于手机与摄像机的连接，使用的App为索尼专用的Content Browser Mobile。苹果、安卓系统均有相应的软件可以下载使用。该软件主要的作用是通过Wi-Fi控制摄像机进行对焦、光圈、变焦、录制等基本操作。

11.2.8　自定义图像质量

在前文介绍部件时，我们谈到了P Profile，也就是PP值的问题。关于本机中的自定义图像质量问题，主要是从选择、更改PP值来解决的。在机器的出厂设置中，已根据不同情况预置了值，用于调整图像的质量。目前，本机有PP1—PP9这几个挡位（如表11-8所示）。

---

① 动圈式麦克风：动圈式麦克风是利用电磁感应现象制成的，当声波使膜片振动时，连接在膜片上的线圈（叫作音圈）随着一起振动，音圈在磁场里振动，产生感应电流（电信号），感应电流的大小和方向都会产生变化，变化的振幅和频率由声波决定，这个信号电流经扩音器放大后传给扬声器，从扬声器中发出放大的声音。

② 幻象电源为电源和相关电力工具名称，一般在电容话筒中使用，这类话筒是录音师们的首选，具有频带宽广、响应曲线平直、输出高、非线性畸变小、瞬态响应好等非常突出的优点。

表11-8　PXW-FS5摄像机PP值列表

图像文档编号	设定示例
关	请勿使用图像文档
PP1	[标准]伽玛色调的设定示例
PP2	如具有[STILL]伽马的可互换镜头，摄像机动画的色调设定示例
PP3	[1TU709]伽玛自然色调的设定示例
PP4	忠实于[1TU709]色调的设定示例
PP5	[CINE1]伽玛色调的设定示例
PP6	[CINE2]伽玛色调的设定示例
PP7	使用[S-LOG2]伽马拍摄时的设定示例
PP8	使用[S-L0G3]伽马和S-GAMUT3.CINE色彩模式拍摄时的建议示例
PP9	使用[S-L0G3]伽马和S-GAMUT3色彩模式拍摄时的建议示例

每一个PP值选项均可以对相关指标进行调试，以达到摄影师需要的画面色彩和质量。下面，笔者重点介绍黑色等级、GAMMA、拐点（膝点）、色彩模式、色彩浓度、色彩校正、细节等几个主要的调节参数。

1.黑色等级

本机的黑色等级从-15到15，依次从淡到深。

2.GAMMA

GAMMA，即伽马曲线。前文已经详细解释了其含义和功能，这里主要补充本机伽马曲线的种类和作用。详情见表11-9所示。

另外，本机的BLACK GAMMA（黑伽马）分为高、中、低三挡，修正的等级从-7（最大的黑色压缩）到+7（最大的黑色伸展）。

3.拐点(膝点)

压缩视频信号的高光部分可使其符合本机动态范围。所谓的拐点其实是摄像机的一种功能。摄影师通过设定视频信号压缩的拐点和斜率，可避免曝光过度。当GAMMA设定为CINE1-4、STILL、ITU709（800%）、S-LOG2或3时，将拐点模式设定为自动设定，会关闭拐点。如果要重新使用拐点功能，摄影师可以将模式设置为手动状态。拐点在设置过程中的具体指标和参数见表11-10所示。

表11-9 PXW-FS5摄像机的GAMMA曲线统计表

项目	描述和设定
[标准]	用于动画的标准伽马曲线
[STILL]	如可互换镜头的摄像机的动画的伽马曲线
[CINE1]	降低暗部的对比度,使亮部的色调变化更加清晰,使图像的色彩变得柔和(相当于HG4609G33)
[CINE2]	与[CINE1]的效果几乎相同;如果在执行编辑等操作时想在100%的视频信号范围内处理图像,请选择此项(相当于HG4600G30)
[CINE3]	让暗部的色调变化更加清晰,使亮部和暗部之间的对比度高于[CINE1]和[CINE2]。
[CINE4]	使暗部的对比度高于[CINE3]。与[标准]相比,暗部的对比度较弱,亮部的对比度较强。
[ITU709]	与1TU-709对应的伽马曲线,低强度区域的增益为4.5
[ITU709(800%)]	使用[S-L0G2]或[S-L0G3]拍摄时用于检查场景的伽马曲线
[S-LOG2]	[S-L0G2]伽马曲线。此设置假定在录制后进行后期制作编辑
[S-L0G3]	[S-L0G3]伽马曲线。伽马曲线的特点与电影相似,假定在录制后会进行后期制作编辑

表11-10 拐点(膝点)设置指标及参数汇总表

项目	描述和设定
[模式]	选择自动或手动模式 [自动设定]自动设定膝点和斜率 [手动]手动设定膝点和斜率
[自动设定]	设定[自动设定]模式中的最大膝点和灵敏度 [最大点]:设定最大膝点值90%至100% [灵敏度]:设定灵敏度 高/中/低
[手动设定]	设定[手动]模式中的膝点和斜率 [点]:设定膝点 75%至105% [斜率]:设定膝点斜率 -5(平缓)至+5(陡峭) 设为+5时,[膝点]将设为关

4.色彩模式

本机的色彩模式较为复杂,摄影师可以通过更改相关指标进行试验。一般情况下,笔者不建议不熟悉机器的初学者或学生过多地使用色彩模式的相关指标。在笔者的教学和拍摄实践中常常发现,初学者往往对不同色彩模式抱有较强的好奇心,愿意尝试使用不同的色彩模式,但问题在于,大部分初学者缺乏对色彩的准确判断和认知,仅凭粗浅的见解就调出了所谓的日系风、欧美风,并没有考虑影片的类别和用途。最后,只能是给后期制作增加难度，甚至让影片沦为废片。

关于色彩模式，摄影师可以参考表11-11，根据不同的需求调整相关指标。

表11-11 色彩模式汇总表

项目	描述和设定
[标准]	[GAMMA]设定为[标准]时的合适色调
[STILL]	[GAMMA]设定为[STILL]时的合适色调
[CINEMA]	[GAMMA]设定为[CINE1]时的合适色调
[PRO]	[GAMMA]设定为[ITU709]时的自然色调
[ITU709矩阵]	与1TU-709对应的伽马曲线
[黑白]	黑色和白色
[S-GAMUT/3200K]	当[GAMMA]设为[S-LOG2]时使用，设置假定在录制后会进行后期制作编辑
[S-GAMUT/4300K]	
[S-GAMUT/5500K]	当[GAMMA]设为[S-LOG3]时使用，设置假定在录制后会进行后期制作编辑，支持在易于调节为数字电影色域的色域中进行录制
[S-GAMUT3.CINE/3200K]	
[S-GAMUT3.CINE/4300K]	
[S-GAMUT3.CINE/5500K]	当[GAMMA]设为[S-L0G3]时使用，设置假定在录制后会进行后期制作编辑，支持使用广色域进行录制
[S-GAMUT3/3200K]	3200K色温
[S-GAMUT3/4300K]	4300K色温
[S-GAMUT3/5500K]	5500K色温

本机的饱和度指标范围为-32（浅色）到+32（深色），色彩相位范围是-7（偏绿）到+7（偏红）。

5.色彩浓度

摄影师可以通过该指标的调节，更改各颜色的深浅浓度。具体见表11-12所示。

表11-12 色彩浓度调试内容及参数

项目	描述和设定
[R]	-7(淡红色)至+7(深红色)
[G]	-7(淡绿色)至+7(深绿色)
[B]	-7(淡蓝色)至+7(深蓝色)
[C]	-7(淡青色)至+7(深青色)
[M]	-7(淡洋红色)至+7(深洋红色)
[Y]	-7(淡黄色)至+7(深黄色)

6.色彩校正

摄影师可以根据机器内部存储的色彩值进行对比校正。相关的指标设置和校正方式见表11-13所示。

表11-13　色彩校正类型及存储值的选择和设定表

项目	描述和设定
类型	选择色彩校正类型 [关]:不正确的色彩 [色彩修正]:修正内存中存储的色彩 不会修正内存中未存储的色彩(当设定[色彩提取]时显示为黑白色) [色彩提取]:以内存中存储的色彩显示区域 其他区域显示为黑白色。可以使用此功能为动画添加效果,或确认要在内存中存储的色彩
存储选择	选择要激活的内存 [1]:将内存1设为激活 [2]:将内存2设为激活 [1&2]:将内存1和2均设为激活
存储1色彩设定	设定内存1中存储的色彩 [色彩相位]:设定色彩相位 0(紫色)至8(红色)至16(黄色)至24(绿色)至31(蓝色) [色彩相位范围]:设定色彩相位范围。 0(无色彩选择),1(窄:仅选择一个色彩)至31(宽:选择类似色彩相位中的多个色彩) [饱和度]:设定饱和度 0(从浅色到深色中选择)至31(选择深色) [一键设定]:自动为标记中心处的被摄体设定[色彩相位] [饱和度]设定为0
存储1修正	修正内存1中的色彩 [色彩相位]:修正内存1中色彩的相位 -15至+15(0表示不修正) [饱和度]:修正内存1中色彩的饱和度 -15至+15(0表示不修正)
存储2色彩设定	设定内存2中存储的色彩 有关说明和设定,请参阅[存储1色彩设定]
存储2修正	修正内存2中的色彩 有关说明和设定,请参阅[存储1修正]

7.细节

细节的等级为-7到+7,具体指标包括V(垂直)/H(水平)平衡、B(较低细节)/W(较高细节)平衡、限制(细节的限制等级,0—7)、CRISPENING(勾边清晰化等级,范围0—7)、高亮细节(范围0—4)。

11.2.9 ASSIGN按钮

本机共有Assign功能指定键7个，其中，1—4出厂时已设置好，Assign1为S&Q MOTION，Assign2 为PP值，Assign3为STATUS CHECK，即状态检查（电池状态等），Assign4为FOCUS MAGNIFIER，Assign5为直接菜单（按下此键可以进入Direct Menu菜单，此菜单可以直接进入"对焦""自动曝光切换等级值""ND过滤器值""光圈值""ISO 感光度/增益""快门速度值""白平衡值"等设置，摄影师只需要利用把手上的多重选择器即可对上述指标进行更改），Assign6—7可以通过菜单进行自定义指定具体的功能，具体方法如下。

首先，打开MENU（菜单），选择系统选项，然后选择ASSIGN，可以看到屏幕显示ASSIGN1—7，其中一部分的后方有对应的功能，有一部分则显示为"------"，表示这个功能指定键暂未被指定相应的功能。此时，可以通过多重选择器或者MENU（菜单）一侧的拨盘加以选择和指定。具体可指定的功能，请参看表11-14。

表11-14　色彩校正类型及存储值的选择和设定表

1	FOCUS MAG	12	MENU
2	最后场景预览	13	P PROFILE
3	WB预设	14	音量
4	自动曝光转换	15	直方图
5	中心扫描	16	斑马线
6	STEADYSHOT	17	峰值
7	S&Q MOTION	18	标记
8	IRIS PUSH AUTO	19	摄像机数据显示
9	人脸检测	20	音频等级数据显示
10	彩条	21	数据代码
11	直接	22	GAMMA辅助

11.3 播放

11.3.1 回放

拍摄后，摄影师往往需要回放已拍摄的画面。在PXW-FS5中，我们需要按下B键，也就是THUMBNAIL键。此键的中文意思为“缩略图”，相当于回放功能。进入回放菜单后，我们可以通过A键，也就是DISPLAY键开启或关闭缩略图上的日期和时间显示，并通过多重选择器选择想要播放的片段。播放时，大家需要注意一个问题：在回放菜单的右上角有一个模式选择，其中有XAVC QFHD、XAVC HD、AVCHD等，我们在播放之前要确认自己所选的格式，如果没有选择正确的格式，打开的界面中将空无一物。有初学者惊呼“没有拍到”，其实，只是未选择正确的格式导致的，虚惊一场而已。

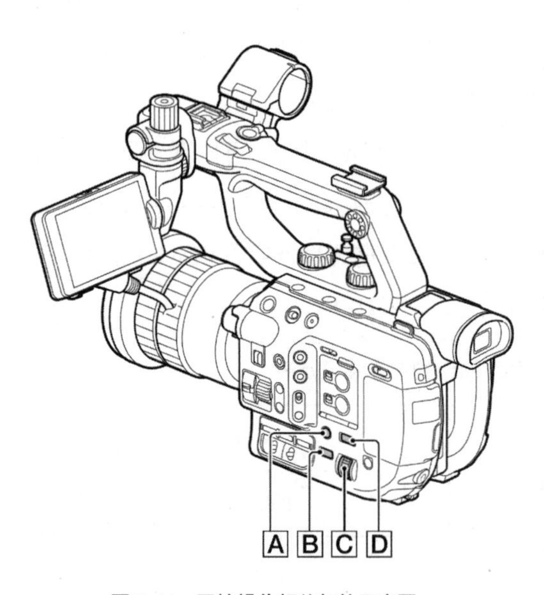

图11-16 回放操作相关部件示意图

看完视频，可能存在两个操作：一是返回继续拍摄，二是删除觉得不满意的片段。返回拍摄状态只需再一次按下THUMBNAIL键即可，而删除则需要使用多重选择器，选中想要删除的内容，之后点击菜单键，在弹出的菜单中选择删除即可。

11.3.2 更改/检查本机的设置

关于更改、检查本机的设置，笔者主要强调以下两个方面。

1.更改画面显示

画面显示，即DISPLAY。连续按住三次DISPLAY键，即“显示”——“简单显示”——“关闭”。主要显示的内容是白平衡、快门速度、光圈、ISO/GAIN、曝光、防抖。

2.检查本机设定

STATUS为状态检查，前文已介绍。按住STATUS，转动拨盘，可对音频、输出信号、摄像机设定、录制按钮、存储卡信息、电池信息等进行检查。

11.4 编辑

11.4.1 保护录制的动画

在缩略图界面，按住MENU（菜单）键，用拨盘选择编辑—保护，之后在想要保护的片段上点击确定（多重选择器的中间键或者拨盘往里按）。

11.4.2 分割动画

在缩略图界面，按住MENU（菜单）键，用拨盘选择编辑—分割，在想要分割的位置选择“‖”，然后选择“OK”即可。

11.4.3 删除动画

在缩略图界面，选中需要删除的文件，然后按住MENU（菜单）键，选择“删除”。

11.4.4 格式化存储卡

一般来讲，我们在初次使用SD卡时，需要将其格式化。具体的操作步骤是：打开MENU（菜单）键，选择“系统”，然后再选择“媒体格式化”。机器会询问格式化哪张卡，摄影师只需要根据实际情况选择即可。

11.4.5 摄像机基本参数

PXW–FS5摄像机的基本参数详见表11–15所示。

表11-15 PXW-FS5摄像机基本参数表

项目	基本参数
型号	PXW-FS5
产品类型	高清摄像机，4K摄像机，闪存摄像机
总像素	800万像素
高清规格	4K 4096×2160
高清帧数	4096×216030帧/秒
光学变焦	无光学变焦
镜头描述	可换镜头
镜头结构	可换镜头
光圈范围	可换镜头
LCD液晶屏	可换镜头
显示屏像素	3.5英寸
传感器类型	CMOS传感器，Super35型单片
取景器	彩色取景器，144万像素0.39英寸OLED
最低照度	0.16流明[60i](IRIS F1.4，自动增益，快门速度1/24)0.18流明[50i](IRIS F1.4，自动增益，快门速度1/25)
遥控功能	支持遥控功能
麦克风	内置麦克风
扬声器	内置扬声器
快门	1/8–1/10000秒(60i) 1/6–1/10000秒(50i/24p)
白平衡	预设(3200K)，存储A，存储B，自动追踪白平衡
视频格式	MPEG-4H.264/AVC
摄录时间	XAVC-1模式QFHD59.94P，使QD-G128A(128GB)时大约22分钟，使用QD-G64A(64GB)时大约11分钟 XAVC-l模式HD23.98P使用QD-G128A(128GB)时大约147分钟，使用QD-G64A(64GB)时大约74分钟
录像功能	WiFi
存储卡类型	SD卡，MS记忆棒
输入输出接口	USB 2.0接口，AV接口，HDMI输出接口，麦克风输入接口，耳机接口
电池	锂电池(BP-U30)
尺寸	111.3×128.7×172.4mm
重量	830g
配件	握把、手柄遥控、液晶屏、液晶屏保护盖，附件靴附件靴板螺丝、大眼罩、无线遥控器(RMT-845)、交流适配器(AC-UES1230)、BC-U1电池充电器、BP-U30电池组、电源线(2或4)根据地区配置、USB电缆、操作指南、CD-ROM、《固态存储卡摄影机使用手册》

第12章　Red Komodo摄影机的使用与调试

12.1　Red Komodo摄影机的历史与背景

12.1.1　Red Komodo摄影机的发展历程

Red Komodo摄影机的发展历程堪称一部革命性的创新史，自其诞生以来，一直走在科技前沿，引领着数字电影行业的潮流。Red Komodo摄影机不仅是一款摄影机，更是一种对电影制作方式的重新定义。

自2006年起，RED公司的4K RED ONE开始了一场革命。这款产品以其出色的性能和革命性的技术，为数字电影拍摄开辟了全新的道路。它不仅提供了高清晰度的画面，还通过先进的数字技术，让电影制作人员更好地掌控画面效果，从而创作出更加真实、生动的电影作品。

随着时间的推移，RED公司并未停止创新的步伐。他们不断推出新的产品，以满足电影制作人员对更高画质、更灵活拍摄的需求。在2008年，RED公司发布了DSMC（数字静动态摄影机）系列，这款摄影机在业界引起了广泛的关注和赞誉。DSMC系列摄影机以其卓越的性能和出色的画质，为电影制作人员提供了更多的创作空间和可能性。

此后，RED公司继续推出了一系列具有影响力的产品。DSMC2摄影机系列的推出，标志着RED公司在数字摄影机领域的领先地位得到了进一步巩固。这一系列摄影机提供了多种感光器选择，满足了不同类型电影制作的需求。在画面质量、动态范围、色彩管理等方面，DSMC2系列摄影机都表现出色，为电影制作人员提供了更多的创作选择。

除此之外，RED公司还推出了RANGER系列摄影机，这是集成式的一体化摄影机系统。

RANGER系列摄影机以其紧凑轻巧的设计和高性能，满足了电影制作人员对拍摄灵活性和便携性的需求。无论是在拍摄现场还是后期制作中，RANGER系列摄影机都能提供出色的画面质量和稳定的性能表现。

Red Komodo摄影机作为RED公司的一款专业数字摄影机，在数字电影拍摄领域独树一帜。它集紧凑小巧的外形、无与伦比的画质、科学的色彩管理和具行业开创性的全域快门感光器于一体。Red Komodo摄影机的推出，标志着RED公司在数字电影摄影机领域的技术实力得到了进一步提升。它不仅提供了高清晰度的画面质量，还通过其全域快门感光器，满足了各级电影制作者更广范围的拍摄需求。无论是拍摄动态的场面还是静止的画面，Red Komodo摄影机都能表现出色，为电影制作人员提供了更多的创作选择和可能性。

值得一提的是，RED公司还推出了高超的V-RAPTOR 8K VV作为DSMC3系列里的第一款摄影机，再次革新了数字电影摄影机市场。V-RAPTOR 8K VV以其卓越的性能和出色的画质，再次证明了RED公司在数字电影摄影机领域的领先地位。这款摄影机的推出，为电影制作人员提供了更多的选择，进一步推动了数字电影行业的进步。

总的来说，Red Komodo摄影机的发展历程是RED公司不断创新和突破的缩影。从最初的4K RED ONE到现在的Red Komodo和V-RAPTOR 8K VV，RED公司始终站在数字电影摄影机领域的前沿，引领着行业的发展。在未来，我们期待RED公司能够继续推出更多创新的产品，推动数字电影行业的进步。

12.1.2 Red Komodo摄影机在电影摄影机市场中的地位和影响

Red Komodo摄影机在电影摄影机市场中占有不可替代的地位，并产生了深远的影响。作为RED Digital Cinema的代表产品，它已经成为高端电影制作的代名词。

Red Komodo摄影机拥有卓越的技术性能和无与伦比的图像质量，为电影制作带来了革命性的变革。它的高动态范围、宽色域和低光照性能等特点，使摄影师能够捕捉到更加真实、细腻的画面，为观众带来更加震撼的视觉体验。

在竞争激烈的电影摄影机市场中，Red Komodo摄影机与Arri Alexa、Sony F55等高端品牌展开了激烈的竞争。尽管这些品牌都有各自的优势和特点，但Red Komodo摄影机凭借其卓越的技术性能和创新的拍摄功能，赢得了制片人和摄影师的青睐。它的出现，不仅提高了电影制作的技术门槛，也为电影制作带来了更多的可能性和创造力。

Red Komodo摄影机在电影摄影机市场中的地位是举足轻重的，它的出现为电影制作带来了前所未有的变革。未来，随着技术的不断进步和创新，RED公司将继续引领电影摄影机市场的发展潮流，为电影制作带来更多的惊喜和突破。

12.2 Red Komodo摄影机的技术特点和使用体验

12.2.1 支持高分辨率拍摄

Red Komodo摄影机是一款令人惊叹的高性能设备，其高分辨率的拍摄能力堪称业界翘楚。这款摄影机不仅具备卓越的硬件性能，还为摄影师和导演提供了一系列强大的功能，帮助他们创作出令人惊叹的影像作品。

Red Komodo摄影机支持超高分辨率拍摄，其高达6K的分辨率在细节的呈现上达到了全新的高度。无论是拍摄风景、建筑还是人物，Red Komodo摄影机都能捕捉到令人惊叹的细节和纹理，让画面更加栩栩如生。同时，它还支持多种不同的帧率，包括6K 17∶9（6144×3240）时为40FPS，5K 17∶9（5120×2700）时为48FPS，4K 17∶9（4096×2160）时为60FPS，2K 17∶9（2048×1080）时为120FPS。这种帧率的拍摄能力使其在拍摄快速运动或特效镜头时，能够提供更加流畅和逼真的影像效果，为观众带来极致的观影体验。

除了出色的硬件性能，Red Komodo摄影机还具有灵活的工作流程和高效的数据管理能力。它支持RAW格式的图像和电影数据，这意味着摄影师和导演在后期制作中可以获得更大的调整空间和更高的图像质量。通过使用Red Komodo，摄影师和导演可以更加自由地探索各种创意可能性，并将自己的艺术理念完美呈现出来。无论是在商业广告、电影制作还是电视节目制作领域，Red Komodo摄影机都能够满足各种不同的拍摄需求，成为专业人士的首选之一。

Red Komodo摄影机不仅提供了卓越的硬件性能，还通过灵活的工作流程和高效的数据管理能力，为摄影师和导演提供了无限的可能性。无论是拍摄高清的画面还是捕捉快速的动态，Red Komodo摄影机都能呈现最完美的影像效果。无论是在商业广告、电影制作还是电视节目制作领域，Red Komodo摄影机都是一款不可或缺的摄影利器。

12.2.2 优秀的色彩还原和动态范围表现

Red Komodo摄影机无疑是当今电影制作和内容创作领域的翘楚。这款摄影机凭借其卓越的色彩还原能力和动态范围表现，为创作者们提供了一种全新的视觉表达方式。

在色彩还原方面，Red Komodo摄影机展现了无与伦比的准确性。其搭载的6K S35全域快门传感器能够捕捉到每一个细微的色彩变化，让场景的色彩真实而饱满。这种精确的色彩还原能力确保了画面色彩的一致性和真实性，让观众仿佛置身于影片中的世界。

Red Komodo摄影机的动态范围表现也堪称惊艳。凭借16挡动态范围，这款摄影机能够在各种光线条件下捕捉到高光和阴影的细节。这意味着在拍摄高对比度的场景时，Red Komodo摄影机能够保留画面中每一个关键细节，使影像更加丰富和立体。

我们可以肯定地说，Red Komodo摄影机出色的色彩还原和动态范围表现无疑为电影制作者和内容创作者提供了一个无与伦比的创作工具。这款摄影机不仅为创作者们带来了高画质的影像，更为他们提供了一个能够自由探索和表达创意的平台。无论是在大银幕还是在数字媒体上，Red Komodo摄影机都能让观众沉浸在真实而细腻的视觉体验中。

12.2.3 全域快门设计

全域快门是一种先进的电子快门技术，其英文名为Global Shutter。这种快门技术的特点在于能够使图像传感器的所有像素同时曝光。相较于传统的卷帘快门，全域快门在捕捉动态画面时具有显著的优势。

全域快门有效地避免了卷帘快门可能导致的问题。在拍摄快速移动的物体时，卷帘快门可能出现运动模糊或错位现象，因为每个像素的曝光时间不同。然而，全域快门技术确保了所有像素在同一时间曝光，从而避免了这些问题的出现。这使全域快门成为拍摄动态画面，尤其是高清、高帧率视频的理想选择。

全域快门在拍摄复杂光线环境下的场景时也表现出色。由于所有像素同时曝光，全域快门能够更好地处理复杂的光线变化和阴影效果，这使拍摄出的画面更加自然、真实，进一步增强了拍摄效果。

Red Komodo摄影机的全域快门是一款备受瞩目的摄影技术，其设计理念旨在解决传统快门技术在拍摄移动物体时所面临的挑战。这一创新性的设计不仅提高了拍摄质量，还为摄影师带来了更多的创作可能性。

Red Komodo摄影机的全域快门采用了先进的技术，确保在拍摄高速移动的物体时，能够捕捉到清晰、细腻的画面。与传统快门相比，全域快门能够更好地抑制果冻效应，使画面更加自然、流畅。这种卓越的性能使其在体育摄影、新闻报道和电影制作等领域具有广泛的应用前景。

Red Komodo摄影机的全域快门还具有高度的可靠性。由于其独特的设计，快门在长时间使用过程中不易受到磨损，从而保证了拍摄的稳定性。同时，该快门还具有出色的耐候性能，可在各种恶劣环境下正常工作，这对于需要应对各种复杂拍摄环境的摄影师来说，无疑是一大福音。

12.2.4 轻便且坚固耐用的机身设计

Red Komodo摄影机的机身设计，不仅仅是对技术与美学的追求，更体现了对摄影师需求的深刻洞察。其轻盈的特点，使它如羽毛般轻便，而坚固耐用的特性则使它能在严酷环境下展现出超乎寻常的稳定性。这种设计理念，源于对摄影艺术的尊重和对摄影师需求的深入理解。

Red Komodo摄影机的轻量化设计，确保了摄影师在长时间拍摄或旅行中能够轻松携带。Red Komodo的机身由铝合金制成，这使它不仅轻便小巧而且坚固耐用。因为Red Komodo摄影机小巧的机身和很多拓展接口的设计，所以它可以非常方便地被固定在任何地方进行拍摄，如汽车、稳定器、飞机、三脚架，甚至可以把它固定在头盔前面进行第一人称视角的拍摄。有很多人都会亲切地把Red Komodo摄影机叫作大号的GoPro。无论是穿梭于密集的城市街头，还是跋涉于崎岖的山地，它都能成为摄影师的最佳伙伴。这种轻盈不仅减轻了摄影师的负担，也让他们在创作时更加自由、无拘无束。

轻盈并不意味着脆弱。Red Komodo摄影机的机身采用了先进的材料和技术，确保了其坚固耐用。无论是在冰天雪地、沙漠戈壁，还是在风雨交加的自然环境中，它都能稳定运行，不受影响。这种坚固耐用的特性，为摄影师提供了稳定的拍摄平台，让他们在任何环境下都能捕捉到那些珍贵的瞬间。

对于摄影师而言，选择一款合适的摄影设备，不仅仅是选择一个工具，更是选择一个能够陪伴自己记录世界的伙伴。Red Komodo摄影机正是这样一位理想的伙伴，它不仅具备卓越的性能，更体现出人性化的关怀。它与摄影师一同见证了无数动人的瞬间，记录下了这个世界的点点滴滴。

12.2.5 拍摄过程中的操作体验

在拍摄过程中，Red Komodo摄影机的操作体验无疑是一流的。这款摄影机不仅轻便易携，而且触屏操作和全新的用户界面让创作者可以轻松地调整摄影机的各种参数和设置。除了这些优点外，Red Komodo摄影机还有很多其他的细节和特点值得称赞。

Red Komodo摄影机的轻便设计使它成为手持稳定器、无人机、摇臂、遥控稳定头等拍摄设备搭配使用的理想选择。这种轻巧的机身重量和紧凑的体积使创作者可以轻松地携带它到各种拍摄场景中，而不会因机身重量而导致拍摄地点受限。无论是在山川、草原还是城市街道上，创作者都可以随心所欲地移动，拍摄出不同视角观察到的画面。

Red Komodo摄影机的触屏操作和全新的用户界面为创作者提供了直观且高效的操

作方式。通过触摸屏幕，创作者可以轻松地调整摄影机的各种参数和设置，如ISO、快门速度、白平衡等。此外，其用户界面非常友好，使创作者可以快速找到所需的功能并进行调整。这种触屏操作方式不仅简化了摄影机的操作，而且提高了拍摄效率。

Red Komodo摄影机还配备了一系列实用的功能键和开关，使创作者可以快速地进行录制、回放和菜单导航等操作。这些功能键的设计使创作者在拍摄过程中可以更加专注于创作，而不需要被复杂的操作所分心。此外，Red Komodo摄影机的机身采用优质的材料制成，保证了摄影机的耐用性和稳定性。

Red Komodo摄影机的相位自动对焦功能也是一个非常实用的特点。相位自动对焦技术可以快速准确地实现对焦，提高了拍摄效率。无论是在拍摄动态还是静态的场景时，相位自动对焦都可以确保画面清晰。这一功能对于需要快速捕捉瞬息万变的场景或者需要频繁更换焦段的创作者来说非常实用。

通过Red Komodo App实现远程无线监控也是Red Komodo摄影机的一大亮点。通过将手机与摄影机连接，创作者可以在手机上实时查看拍摄的画面，并进行调整参数设置、录制等操作。这一功能使创作者可以在远离摄影机的情况下进行远程控制，非常适合在复杂或危险的环境中进行拍摄。

Red Komodo摄影机在拍摄过程中的操作体验确实是一流的。其轻便易携、触屏操作、菜单导航和相位自动对焦等功能提高了拍摄效率，而且通过Red Control App实现远程无线监控也使创作者可以更加灵活地进行创作。对于追求高效、高质量画质的电影制作者和内容创作者来说，Red Komodo摄影机无疑是一个值得信赖的选择。

12.2.6 后期制作的优势

Red Komodo摄影机的录制格式有REDCODE® RAW，也就是我们常说的R3D和APPLE PRORES。R3D格式具有许多显著的优势，这些优势使其在专业影视制作和摄影领域中备受青睐。

R3D格式拥有高质量的图像性能。由于采用了先进的有损压缩算法，R3D能够在保证无损质量的同时大大压缩文件容量。在Red Komodo摄影机中有HQ（High Quality）、MQ（Medium Quality）和LQ（Low Quality）这三种格式。这三种格式可分别适应不同场景的拍摄。HQ（High Quality）用于视觉特效，极致体现细节场景及运动场景。MQ（Medium Quality）用于没有特效的影片，如高端电视节目。LQ（Low Quality）用于电视节目，如在线视频、纪录片、采访等。512G的储存卡在6K R3D HQ的格式中可以录制30分钟、在6K R3D MQ的格式中可以录制48分钟、在6K R3D LQ的格式中可以录制1小时17分钟。这意味着在后期制作过程中，用户可以获得最高质量的素材，素材没有任何失真或伪影。这对于需要精确还原真实场景的影视制作来说至关重要。

R3D格式具有宽色域特性。R3D格式搭配上Red Komodo的16+bit的色彩深度能够捕捉到比传统格式更广泛的色彩范围，从而呈现出更丰富的颜色层次和更真实的颜色表现。这使摄影师能够捕捉到更多细节，并在后期制作中更好地控制颜色校正和风格化调色，以达到所需的视觉效果。

R3D还支持高动态范围（HDR）技术。这项技术可以更好地处理明暗之间的细节和颜色，让暗部更加深邃且不失真，亮部更加明亮且不过曝。这为摄影师提供了更大的创作空间，能够呈现更丰富的图像细节和层次，创造出令人惊叹的视觉效果。

R3D格式具有出色的兼容性。由于其广泛应用和专业认可，R3D已成为许多专业影视制作软件和硬件设备的标准格式。这使用户可以轻松地在不同设备和软件之间传输和编辑R3D文件，而无须担心格式转换或兼容性问题。

在编辑方面，R3D格式提供了强大的多轨时间线编辑功能。这使摄影师和编辑人员能够更高效地组织和管理素材，进行精确的剪辑和合成。通过时间线的多轨编辑，用户可以轻松地调整每个镜头的长度、位置和顺序，实现快速、准确的剪辑和拼接。

R3D格式还提供了强大的文件管理功能。它支持标记、注释和元数据管理，使用户可以轻松地组织和查找素材。这些功能有助于提高工作效率，减少错误，并确保每个镜头都有正确的元数据和注释。

12.3 Red Komodo摄影机的未来展望

12.3.1 Red Komodo摄影机的发展趋势和前景展望

Red Komodo摄影机是专为电影制作者和内容创作者打造的高画质摄影机，自推出以来便凭借其卓越的性能和创新能力在业界引起了广泛关注。作为未来摄影技术的领航者，Red Komodo摄影机不仅代表了当前摄影技术的最高水平，更预示着未来摄影技术发展的趋势和方向。

Red Komodo摄影机的技术创新是其引领未来摄影技术的重要驱动力。其搭载的6K全域快门传感器无疑是这项技术的核心。这种传感器能够实现高动态范围成像，使画面色彩更加丰富、层次更加鲜明。同时，Red Komodo摄影机的紧凑设计使其在拍摄过程中具有极高的机动性，无论是在复杂的拍摄场景还是狭小的空间内，都能展现出强大的适应能力。

随着技术的不断进步，Red Komodo摄影机也在持续探索并实现更多的技术创新。例如，自动对焦技术的进一步发展、更高分辨率传感器的集成、更强大的数据处理能力的提升等。这些技术进步将进一步提升Red Komodo摄影机的性能，使其在未来的摄影技术领域中保持领先地位。

Red Komodo摄影机的应用领域也在不断拓展。除了传统的电影制作和广告拍摄领域，Red Komodo摄影机还被广泛应用于纪录片、MV、商业视频等领域。随着数字媒体的普及和消费者对高质量内容的需求增加，Red Komodo摄影机的市场份额有望进一步扩大。

Red Komodo摄影机的发展也面临着一些挑战。随着摄影技术的快速发展，竞争对手也在不断推出新的技术和产品，这无疑给Red Komodo摄影机带来了巨大的压力。同时，随着数字媒体市场的竞争加剧，如何在激烈的市场竞争中保持领先地位也是Red Komodo摄影机需要面对的问题。

作为未来摄影技术的领航者，Red Komodo摄影机凭借其卓越的技术创新、强大的性能和广泛的应用领域，展现出了巨大的发展潜力和广阔的市场前景。在面对挑战和压力的同时，我们相信Red Komodo摄影机将继续保持其在高画质摄影机市场的领先地位，并引领未来的摄影技术发展方向。无论是在技术创新、应用拓展还是市场竞争方面，Red Komodo摄影机都具备着无可比拟的优势和潜力。在未来，我们期待看到更多令人惊艳的作品问世，展现出Red Komodo摄影机摄影机独特的魅力和强大的创作实力。

12.3.2 在未来电影制作中的价值和意义

Red Komodo摄影机作为一款专为电影制作者和内容创作者打造的高品质摄影设备，在未来电影制作中的价值和意义不容忽视。

Red Komodo摄影机具备卓越的拍摄效果，其采用的先进传感器技术和图像处理算法能够提供高清晰度、高动态范围和高色彩还原度的画面。这使电影制作人员在拍摄过程中能够获得更加细腻、真实的场景再现，为观众带来更加震撼的视觉体验。

Red Komodo摄影机的操作非常便捷。其内置的高分辨率屏幕支持触屏操作，使摄影师和导演可以更加直观地调整拍摄参数和查看拍摄效果。这种用户界面的创新设计不仅提高了拍摄效率，还为创作者提供了更大的创作空间和灵活性。

Red Komodo摄影机还具备多样化的存储选择。它使用cfast 2.0卡作为存储介质，这种卡具有高速读写和大容量的特点，可以满足长时间、大容量的拍摄需求。这使电影制作人员可以更加放心地进行拍摄，不必担心存储空间不足的问题。

Red Komodo摄影机由于其紧凑小巧的机身设计，非常适用于各种类型的拍摄场景。无论是电影、广告、纪录片还是其他形式的影像创作，Red Komodo摄影机都能胜任。这种多功能性使它在未来的电影制作中具有很大的应用潜力和价值。

Red Komodo摄影机在未来电影制作中的价值和意义主要体现于以下几个方面：卓越的拍摄效果、便捷的操作方式、多样化的存储选择、丰富的接口配置以及适用于各种场景的拍摄能力。这些特点使Red Komodo摄影机成为电影制作领域的佼佼者，并有望推动电影制作技术的不断进步和创新。

第13章　影视摄影构图

在前面的章节中，我们讲解了画幅比例、景别等内容。本章，我们就影视摄影构图的问题继续展开学习。

构图是为了表现特定内容或视觉效果，将被拍摄的对象与各种造型元素有机地组织分布在画框空间中，形成一定的画面结构。

每一部影片的题材、内容、风格、样式的不同，以及编导的立意与关注点不同，导致其构图形式与手法也不尽相同。此外，眼睛和镜头“看”到的事物有很大的不同。因此，摄影师创作的目的就是要使画面构图有形象性、有视觉重点、有风格、有形式感、有美感和较强的观赏性；让被摄对象在画面空间中所占有的位置形成一定的画面分割形式；令光影、明暗、线条、质感、透视、视点、色彩等在画面结构中进行有机组合，以此构成镜头中的视觉形象。

13.1　影视画面构图基础

影视构图与绘画图片构图的不同点主要在于欣赏方式。欣赏绘画和图片不受时间限制，可长时间观摩。影视中的一个镜头在屏幕上只有短暂的几秒钟，在这样短的时间里必须让观众第一眼就能明确画面的主体。影视画面的主体必须是单一的。当然，并不是说在屏幕上不允许同时存在两个或两个以上的人物，但在多个人物的画面里，特别是影像中的主体大小相同时，在同一空间里必须有主有次。

谈到影视画面，我们先谈一谈承载画面的这个框，也就是影视画框。

13.1.1　认识影视画框

影视创作者首先必须树立画框意识。画框的存在是构图的前提，而构图就是对画框内各元素进行巧妙的安排与布局，以表达特定的内涵。

影视画框也叫景框，原本是美术创作中所使用的一个名词。它是指运用木条或者线条包围起来的一个封闭的矩形边框，用于分割并区别绘画的空间和绘画作品以外的空间。影视作品的影像就是在这样一个矩形的画框中呈现的。影视画框大致相当于镜头的取景框。我们把拍摄对象进入画框称为“入画”；相反，出画框就叫“出画”。通常，画框的左边叫作“画左”，画框的右边叫作“画右”。

影视画框一般相当于镜头的视野范围，而这个视野范围要比同一视点上人眼的视野范围小一些。因此，在实际拍摄过程中，就存在着一个对于真实世界的“取”与“舍”的过程。

13.1.2 影视摄影画面构图的特点

影视画框把空间分割为“画内空间”和“画外空间”。“画内空间”即画框以内的空间。“画外空间”是什么呢？我们知道，画框内未必包含所有的故事情境与人物，原本画框以内展示的故事，也可能会延伸到画框之外。这种开放的视觉观念，也一脉相承地传到了影视创作中。有时导演会巧妙地利用画框的隔断，创造对画外空间的想象，以此来完成叙事与表意。我们来看一段电影《黄土地》（66:45–67:20）中的片段。

1.影视画面的运动特性

摄影师对画面运动的处理，既要把握住每一个镜头画面瞬间构图的完整与优美，又要把握住一连串运动构图的内在联系。

2.影视的画面构图效果要具有整体性

完整的画面构图在一个镜头段落可能是由一系列镜头构图所组成的，一个镜头也可能是由一系列的画面构图所形成的组合形式。

3.影视画面的时空限制

影视是时间和空间的造型艺术。首先，影视画面受构图形式、画面景别和画面负载信息量等因素限制；其次，影视画面受镜头长度和观众观赏时间的限制；最后，影视画面受画内空间的结构限制。因此，我们在安排画面构图和拍摄时要做到力求简洁明确，使画面具有视觉美感，让观众在欣赏时一目了然，从构图形式上就能迅速理解构图的实质。

4.影视画面的多视点、多角度特性

影视画面构成等于角度，只要找到了好的角度，也就有了好的构图，因此构图是找出来的。

5.影视画幅比例的固定性

由于影视画面的构图都是横幅式，构图之间的差异主要体现在画面的景别上。

6.影视构图的现场处理性

摄影师需要在拍摄前对每一个镜头的构图进行理性的设计，并依据总的创作构思来完成构图。

13.1.3　处理好影视画面的构图风格

影视画面构图推动了影视语言、银幕形象的形成，从而奠定了影片的风格。影视构图在影视发展的过程中，对影视的流派、风格、样式等都产生过重要影响。影视画面的构图风格有如下几种。

1.纪实构图风格(纪录构图风格)

纪实构图风格是以被摄对象自身真实的形、神表达它们的存在和含义，不去做更多的修饰。纪实构图风格主要表现为对被摄对象的外部特征、内心情感世界进行冷静客观的描述和表达。

2.戏剧构图风格

戏剧风格构图是将戏剧、文学、音乐、美术、舞蹈等艺术的某些元素融入影视叙事构图中。

3.综合构图风格

影视综合构图风格是将纪实与戏剧融合，将逼真性和假定性、照相性与蒙太奇、形似与神似、自然形态与艺术加工、实景与人工布景综合起来。它在视觉上、美学上使各元素尽可能实现完美的统一。

13.2 影视画面构图的视觉元素分析

13.2.1 安排构图的具体操作方法

1.处理好画面的主体在取景框中的位置

画面的主体就是指在一幅画面中主要表现的对象，这些对象既可以是人也可以是物，在画面结构中起主导作用。主体是画面表达内容的中心，是画面的结构中心，是画面的趣味中心。

2.经营好画面的视觉中心

绘画和图片突出主体的基本方法是把主体放在视觉中心位置，即黄金分割点上。这种构图，会使画面构图均衡，主体鲜明突出。

黄金分割法在构图上的运用是：在肖像画里，人物视线的前方空间要大于后方空间，下方空间要大于上方空间。

①处理好银幕的几何中心

无论是标准银幕还是宽银幕都只有一个几何中心。几何中心最容易吸引观众的注意力，最容易形成对称结构，产生稳重、庄严的效果。（参考名画《最后的晚餐》，如图13-1所示）

图13-1 油画《最后的晚餐》

【关于《最后的晚餐》】

（1）创作背景

《最后的晚餐》取材于《新约圣经》，据《新约圣经·马可福音》记载：耶稣最后一次到耶路撒冷去过逾越节，犹太教祭司长谋划在夜间逮捕他，但苦于无人带路。正在这时，耶稣的门徒犹大向犹太教祭司长告密说："我把他交给你们，你们愿意给我多少钱？"犹太教祭司长就给了犹大30块钱。于是，犹大跟祭司长约好——他亲吻的那个人就是耶稣。逾越节那天，耶稣跟12个门徒坐在一起，共进最后一次晚餐，他忧郁地对12个门徒说："我告诉你们，你们中有一个人要出卖我了！"12个门徒闻言后，或震惊、或愤怒、或激动、或紧张。《最后的晚餐》表现的就是这一时刻的紧张场面。

（2）构图布局

《最后的晚餐》，宽420厘米，长910厘米。达·芬奇不仅在绘画的技艺上力求创新，而且在画面的布局上也别具新意。长久以来，画面布局都是耶稣独坐一端，而耶稣的弟子们坐成一排。达·芬奇却让耶稣两边分别坐着十二门徒，而耶稣则孤寂地坐在中间，他的脸在身后明亮的窗户映照下，显得肃穆而庄严。背景强烈的对比，让人们把注意力全部集中在耶稣的身上。而耶稣身边那些躁动的弟子们，每个人的面部动作、表情、眼神各不相同。尤其是慌乱的犹大，手肘碰倒了盐瓶，身体后仰，脸上写满了惊恐与不安。

当然，几何中心容易造成画面呆板、单调的感觉，再加上对称处理，使这种感受会更为强烈。如果我们把主体放在几何中心的位置，能使画面产生对称、均衡、庄重、较强的形式感。

②处理好银幕的视觉趣味、意味中心

无论是我国所谓"九宫格"的画幅分割法，还是西方的"三分法"，其分割结果是一致的。幅面内横竖两条线的四个交点，包括几何中心在内，构成了视觉清晰范围。在这个范围内处理主要对象，不仅易于吸引观众注意力，而且可以产生生动有趣的艺术效果。古今中外大多数艺术作品的主体处于此类幅面位置（如图13-2所示）。

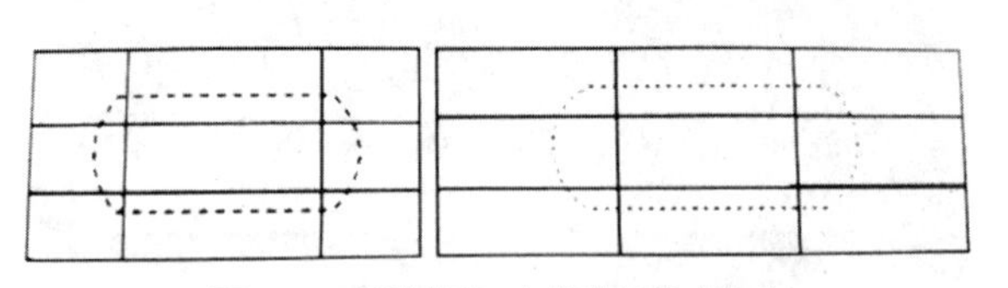

图13-2 普通荧幕、宽荧幕的趣味中心

九宫格构图法又称井字构图法，它接近于黄金分割构图法，在黄金分割点的位置上安排主体，符合人们的视觉心理习惯。画框里的这四个"敏感点"，都可以成为视觉中心，是我们经常放置主体的位置。

值得注意的是，一幅画面只能存在一个中心，要根据不同情况安排主体。

主体在画面的其他位置包括：把画面垂直分成相等的三份，将主体放置在其中一条垂直线或临近垂直线的位置上；通过环境与线条引出并烘托主体，把主体放置在画面中"V"字形的最低点上。

13.2.2 处理好地平线在画面中的位置

1.地平线处在画幅上方

地平线在画面上方，可增加画面构图的纵向空间深度（第三空间），呈现出深远感，产生俯拍的宏观视觉效果。在不少影视作品中，全景镜头的构图处理大都是地平线在画面的上方，使影片产生显著的风格化特点。

2.把地平线处理在画幅的下方

在处理全景构图时，如果把地平线放置在画面的下方，画面会有一种辽阔的深远感，产生仰拍效果，有主观视觉效果，有很强的装饰效果。

图13-3 电影《巴山夜雨》中地平线在上方的画面

3.有两种情况会把地平线处理在画幅之外

第一种，在近景中，背景被虚化，看不到清晰的地平线关系，或画面中没有与地平线的关系。

第二种，用大俯或大仰角拍摄，有意将地平线处理在画外。

把地平线处理在画幅外，是一种主观构成，淡化了空间关系，无论从什么角度拍摄，构图的形式感都很强。一般情况下，不宜将地平线处理在画面构图的中央，这样处理地平线会使画面呆板、单调，有分割画面之感。

13.2.3 处理好背景、环境的关系

背景位于主体之后，起渲染衬托主体的作用。

前景和背景统称环境，其作用为表明主体事物所处的客观环境、地理位置及时代气氛。在表现形式上，我们应发挥线条结构的影响，利用色调和空间来衬托主体，展现环境。

1.背景(环境)在画面中的四个作用

第一，“环境犹人”，利用环境体现人物的职业特征、性格爱好和思想追求，使主体得到最佳衬托与表现。

第二，环境可以给人以时代感，使镜头画面表现的主题内容与时代同步。

第三，环境能直接影响新闻主题的价值。同一个新闻主题或新闻事件在不同的环境地点发生，其影响力和新闻价值会有很大的不同。

第四，背景具有很强的暗喻色彩。作品借助背景的“暗示”作用，能更好地准确表达主题内容。

2.突出主体、简化环境和背景的方法

第一，选择合适的拍摄角度，注意避开主体周围的一些杂乱线条。

第二，使用长焦距镜头拍摄，长焦距镜头在突出主体简化背景上有两大优点：其一，镜头的焦距越长，被摄主体之后的背景（景深）范围也就越小。其二，长焦距镜头能产生十分明显的虚实变化效果，把主体放在景深范围内，前景和背景置于在景深范围以外（可参考电影《我的父亲母亲》相关片段）。

第三，选用合适的光线，以逆光或侧逆光来突出主体，压低环境和背景的影调，从而将杂乱的物体和线条隐藏于较暗的背景中。

第四，利用合适的环境条件。

第五，利用被摄物体和镜头的运动，造成主体与背景的虚实变化，把观众的注意力吸引到主体身上。

3.选择具有表现力、有个性的空间环境

摄影对环境的选择首先要体现出文学剧本对环境的规定，要选择具有典型特征的环境来表现剧中规定的环境（参考电影《末代皇帝》的相关片段）。

13.2.4 处理好画面的前景

前景位于被摄主体之前，是离摄像机最近的景物。前景由于处在主体前面，在画面上显得非常突出、醒目，是画面构图和艺术表现中的重要元素。前景是用于营造画面气氛的重要手段，是营造抒情气氛、美化画面和大景深构图必不可少的元素。

前景的作用如下：

第一，利用前景来表现画面节奏。

第二，利用前景来表现影片所处的环境和时代特征。

第三，利用前景来表现人与物、人与人以及物与物之间的基本关系。

13.2.5 构图时应处理好画面中的空白

画面中的空白既可以是白的空白，还可以是黑的空白，还可以是单一色彩的空白。空白是产生意境与联想的手段。

画面中的空白主要有三个作用：

第一，画面的空白是突出主体，产生意境，帮助受众进行联想的手段。

第二，画面空白有助于表现主体的运动。对空白的处理主要依据人的视觉习惯和心理要求。

第三，处理好空白中形态的疏与密，使画面构成一个和谐的整体。

13.2.6 封闭式构图与开放式构图

封闭式构图（Close Frame）指的是不需要借助画框外的空间进行叙事的构图，其叙事所需的元素都已包含在画框之中。

开放式构图（Open Frame）的画面并没有包含所有的叙事信息，需要借助画外空间来完成叙事。根据故事的需要，这两种构图形式各有优势。画外空间也可以用来制造紧张和悬疑，特别是在惊悚片和恐怖片中。如下面的两个例子（如图13-4所示），乌利·艾德在《巴德尔和迈因霍夫》（*The Baader Meinhof Complex*, 2008年）中使用了两种构图方式，第一个例子是封闭式构图，用来强调乌丽克（马蒂娜·戈黛特饰）在狱中的孤独（下左图）。而在第二个例子中，佩德拉（亚历山德拉·玛丽亚·拉娜饰）在闯过路障后，试图与前来逮捕她的德国警察进行枪战，开放式的构图增加了双方对峙的紧张感（下右图）。

图13-4 电影《巴德尔和迈因霍夫》中的封闭式、开放式构图

13.3 镜头画面中的对比、平衡和透视

13.3.1 镜头画面中的对比

1.认识对比

对比是影视艺术中常用的一种表现技巧。摄影师常把两种不同形态、色调（影调）、线条的造型元素进行比对，用来突出画面中主体形象。两种不同视觉元素的差异越大，对比度就越大；差异越小，对比度就越小。如下面这个图（如图13-5所示）。

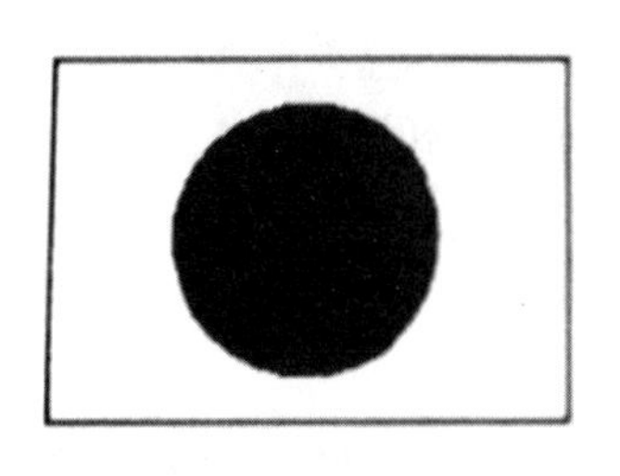
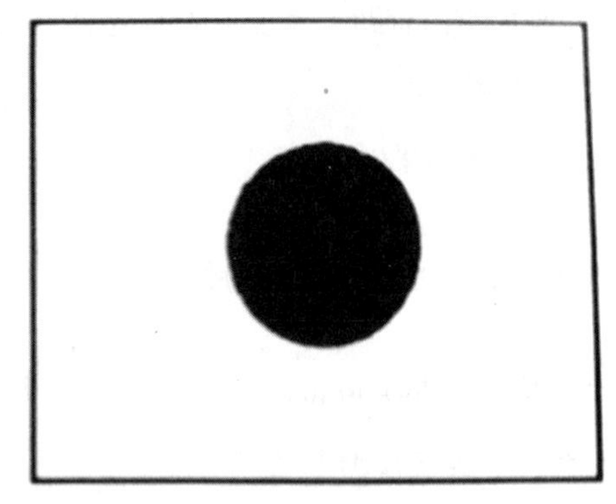

图13-5　两个相同大小的圆放到不同大小背景上进行对比

2.从造型视觉元素上认识对比的类型

（1）形态对比

直线与曲线、竖线与横线等形成的对比。

（2）影调明暗对比

第一，主体对象亮而四周暗，构成强烈的明暗对比效果。

第二，主体物象暗而四周亮，构成强烈的明暗对比效果。

第三，将亮的或暗的主体安置在中间亮度的背景上，产生较为柔和的明暗对比效果。

对比强弱的差异，形成了硬调（明暗显著）和软调（柔和调，对比度低，反差小）的不同。

（3）丰富的色彩对比

第一，色相的对比，即指未经掺和的色彩对比，如原色的对比。

第二，色彩的明暗对比。

第三，色彩的冷暖对比。

第四，色彩的面积对比。

3.影视创作中的对比在画面构图中的意义

首先，我们利用对比的手法表现被摄物外形的特征，如色、质的特征，线的特征等。

其次，对比作为一种创作手法，既形象生动地揭示人物的情绪和作品思想，同时也表现了创作者的情感。

最后，对比可以加强画面纵深感。

13.3.2 画面中的平衡

几乎所有的摄影师在经营结构画面时，都得处理好画面中的诸多元素的位置关系，使其达到一种平衡状态。

从造型艺术范围来讲，平衡是指画面中力的支点两侧的量、形、结构等在视觉上的平衡统一。这里既有物理意义上的平衡，又有视觉（心理）意义上的平衡。

画面平衡一般有两种形态：

第一种是对称的平衡，是指画面中力的支点两侧在量、形、结构上均等。

第二种是均衡的平衡，是指画面中力的支点两侧在量、形、结构有较大的差异，但仍然获得“力”的平衡统一。

画面中物象的大小、量的多少都会影响画面的平衡，如果处理不当，会使观众有一种“别扭”的感觉。然而，有时候为了剧情的需要，导演也会特意地安排这种令人感到“别扭”的镜头。

13.3.3 影视画面的透视

透视既是画面造型的重要内容，也是构图的重要手法。影视与绘画都是在二维空间里表现三维空间，而影视的独到之处是可以利用运动去表现假想的三维、四维、六维空间。透视成为影视镜头空间中的明显暗示。

1.透视的定义

透视指的是画面中景物所处的空间方位的远近不同，所呈现出的物象的大小、虚实、色彩的明暗等有规律的变化，并在二维空间上造成三度空间的感受。透视是在画面中再现现实空间的重要表现手段。

2.分类

①线条透视

线条透视是指摄影画面中的物象按照一定的规律排列结构，以表现空间深度的一

图13-6 线条透视

种方法。（如图13-6所示）

图13-7　空气透视

②空气透视

空气透视，也称大气透视。因大气层介质的影响，空气中的微小介质对不同波长的光线吸收、反射和扩散的结果不同，画面中影调（色调）呈现近暗远明有规律的变化。（如图13-7所示）

③焦点透视

焦点透视指在影视摄影中利用景深来控制影像焦点的虚实变化，表现空间深度透视关系的一种方法。它也是场面调度的手段之一。（如图13-8所示）

图13-8　焦点透视

焦点透视造型效果的强弱，决定于下面三个因素：

第一，镜头焦距的长短。

第二，物距的大小。

第三，光圈孔径的大小。

13.4　画面的结构布局

13.4.1　画面结构几种布局参考

1.平列式构图(如图13-9所示)

平行式构图是一种常用的构图技巧，通过将元素或线条以平行的方式排列，创造出一种平稳、和谐的感觉。

2.三角形构图(如图13-10所示)

画面中排列的三个点或被摄主体的外轮廓形成一个三角形，也称为金字塔形构图，给人以稳定感。而倒金字塔构图会产生不稳定感、危机感，如果使用这样的镜头会让人产生丰富的联想。

图13-9　第九届（1989年）金鸡奖最佳影片《晚钟》中的平列式构图（导演：吴子牛，摄影：侯咏）

图13-10　三角形构图

图13-11　卢浮宫金字塔的十字形构图

3.十字形构图(如图13-11所示)

在十字形构图中，垂直线和水平线既可以是实线，也可以是由一些点组成的虚线。

4.S形构图(如图13-12所示)

S形构图是指以S的形状从前景向中景和后景延伸，画面构成纵深方向的空间关系。这种构图特点是画面比较生动，富有空间感。

5.C形构图(如图13-13所示)

C形构图，即画面中的主体像字母C一样呈现。C形构图包括正C形、反C形、横向正C形、横向侧C形、横向反C形五种。

图13-12　S形构图

图13-13　C形构图

6.框架式构图(如图13-14所示)

框架式构图是影视作品中常见的拍摄构图方法，具有十分重要的意义。框架式构图为影片段落主题和人物内心情绪定下了基调。凡是框架式构图下的人物和场景，其基调是压抑的、消极的、悲伤的。

7.曲线形构图(如图13-15所示)

曲线构图，是指通过曲线线条来组织画面，达到平衡、运动或表达特定主题的目的。

图13-14　框架式构图

图13-15　曲线形构图

8.满布式构图(如图13-16所示)

满布式构图是在整个画面中布满被摄对象，无明显的空白。

9.散点式构图(如图13-17所示)

散点式构图是指由许多分散的点状对象构成画面。

10.放射式构图(如图13-18所示)

放射式构图，是利用被摄对象本身形成的一些明显的线条，由一点向周围辐射，呈放射形状。

图13-16 满布式构图

11.对角线构图

对角线构图，也叫斜侧面构图，摄影师通常通过侧面的角度来捕捉这种构图方式，增强画面的视觉效果，使画面具有吸引力和艺术感。对角线构图可分为左对角线构图（如图13-19所示）和右对角线构图（如图13-20所示）。

图13-17 散点式

图13-18 放射式构图

图13-19 左对角线构图[①]

图13-20 右对角线构图[②]

① 在影视剧拍摄中极为常见，有助于叙事性内容的表达。

② 通常和左对角线构图联合使用，在故事片中比较常见。

13.4.2　处理好构图重点

当拍摄两个演员面对面对话时，最有力的表现机位在平行于关系线的三角形底边，即外反拍①机位置。在下图中，两个外反拍主镜头中可以通过把2/3的画面空间留给面向摄像机的演员，其余1/3留给背向摄像机的演员（如图13-21所示）。

图13-21　外反拍的两种表现形式

与外反拍相对应的构图方式是内反拍。在关系轴线的一侧，两个镜头的机位方向基本相背，各拍一个人物，称为内反拍。内反拍的角度是主观角度，代表剧中人物各自观察对方的主观视向，如果演员甲站在高处，乙站在低处，拍两人对话时，各自的主观角度有一仰一俯之分（如图13-22所示）。

图13-22　电视剧《武朝迷案》中的内反拍镜头

---

① 外反拍：在关系轴线一侧拍两个人物时，拍摄方向基本相对，这两个角度称为外反拍角度。外反拍角度为客观角度，这是代表导演、摄像的视线，对被摄对象做客观介绍；也代表观众的视角。外反拍角度经常用于表现甲乙两个演员之间的交流。以乙为前景拍甲，在拍近景和特写时，位于前景的演员只带一部分，以突出主体。内反拍、外拍角度的组合，是拍摄中最常用镜头调度方法。拍主持人或记者出镜的镜头时，采访某人经常用这种角度拍摄，这也就是平常讲的过肩镜头。拍过肩镜头，前景人物以不露眼睛为宜，避免两个镜头抢夺观众的注意力。

13.4.3　让一个演员始终位于画面的中央部分

在宽荧幕上用近景镜头来表现两人的对话时，庞大的画面形象如果在镜头之间变来变去，在视觉上会显得跳动太大。我们可以找到一个解决办法，从构图上把画面三等分。在各个内、外反拍的镜头中，让其中一个演员始终位于画面的中央部分（如图13-23所示）。

图13-23　让其中一个演员始终位于中央位置

13.5　固定画面

13.5.1　固定画面的定义

固定画面是指摄像机机位不动、镜头光轴不变、焦距固定的情况下所拍摄的电视画面。也就是说，摄像机要达到“三不变”：

首先，机位不动，即无移、跟、升降的运动。

其次，光轴不变，即无摇摄。

最后，焦距不动，即无推、拉运动。

13.5.2　固定画面的特点

固定画面的特点如下：

第一，画面框架静止不动，画面外部的运动因素消失。

第二，视点稳定，符合人们日常生活的视觉体验。

13.5.3　固定画面的作用与不足

固定画面的作用如下：

第一，有利于表现静的环境。

第二，对静态人物有突出表现作用。

第三，客观反映被摄主体运动速度和节奏变化。

第四，突出和强化动感。

第五，固定画面表现出一定的客观性。

第六，表现远去的时间感（如表现历史回忆）。

固定画面的不足如下：

首先，视点单一。

其次，难以表现较大被摄主体形成的运动轨迹。

最后，难以表现复杂曲折的环境和空间。

13.5.4 固定画面的拍摄要求

1.拍摄固定画面时的注意事项

第一，捕捉动感因素。

第二，注意纵深方向的人物行动调度和表现。

第三，组接时应注意镜头之间的内在连贯性（多角度、多景别、不越轴）。

第四，注意构图的可视性与艺术性（即：主体突出、景别准确、信息集中、影调光色、表现符合叙事需要）。

第五，稳定清晰。

2.保证镜头稳定的办法

第一，合理使用脚架。

第二，灵活选取身边的支撑物。

第三，利用自然界的有效支撑体。

第四，选准被摄范围内的聚焦点。

本章思考与练习题

1.分析地平线在画面中的位置关系。

2.背景（环境）在画面中有哪些作用？

3.前景在画面中有哪些作用？

4.什么是透视？你知道的影视画面中的透视有哪几种？

5.影视摄影构图的特点有哪些？

6.画面中空白的作用是什么？

7.画面平衡有哪两种形态？

8.什么是外反拍？

9.什么是内反拍？

10.举例说明三角形、十字形、平列式、S形、C形构图。

第14章　影视摄像中的运动

一般来讲，影视作品中存在三种基本的运动形式：一是被摄主体的运动，二是摄像机的运动，三是剪辑形成的蒙太奇运动。今天，我们主要跟大家谈一谈摄像机的运动，也就是运动摄像。

14.1　运动摄像的定义

运动摄像，是指在一个镜头中通过移动机位，或变动镜头光轴，或变化镜头焦距进行的拍摄，是心理活动在视觉上的运动。

通常情况下，采用运动摄像方式所拍摄的画面称为运动画面。

摄像机的运动应具有生活依据，是电视画面外部运动的主要方式。所谓的"外部运动"主要分为两类：一类是间接的摄像机运动（蒙太奇剪辑），另一类是摄像机机位、光轴、焦距的变化。

14.2　运动摄像的造型特点、功能及要求

1.推摄

（1）定义

推摄是指机位推进或变动镜头焦距，使画面框架由远及近的一种拍摄方法。

（2）特点

第一，视觉前移，景别由大变小。

第二，主体明确。

第三，主体由小变大，环境由大变小。

(3) 功用

第一，突出主体。

第二，突出细节和重要情节（经过加工改造了的生活情形）。

第三，介绍局部与整体、主体与环境之间的关系。

第四，具有连续蒙太奇效果。

第五，调整画面的节奏。

第六，增加或减弱主体的动感。

(4) 拍摄要求

第一，有明确的表达意义。

第二，起幅[①]、落幅[②]要规范、严谨、完整，景别、时间适度（特写镜头时长一般为2—3秒）。

第三，始终保持主体的结构中心位置。

第四，推进速度要与画面情绪节奏一致。

第五，在移动机位镜头中，焦点要随主体与机位之间的距离变化而变化。

2. 拉摄

(1) 定义

拉摄，是指摄像机逐渐远离主体或变动镜头焦点，使画面框架由近至远、主体远离的一种拍摄方法。

(2) 特征

第一，形成视觉后移。

第二，被摄主体由大变小，周围环境由小变大。

(3) 功用与表现

第一，利于交代环境与主体之间的关系。

第二，使画面结构发生变化。

第三，通过纵向的空间和方位画面形象的对比，形成反差。

---

① 起幅：运动镜头开始的场面。要求构图讲究，有适当的长度。一般有表演的场面应使观众能看清人物动作，无表演的场面应使观众能看清景色。具体长度可根据情节内容或创作意图而定。由固定画面转为移动画面时要自然流畅。

② 落幅：运动镜头终结的画面。要求由移动转为固定画面时能平稳、自然，尤其重要的是准确，即能恰到好处地按照事先设计好的景物范围或主要被摄对象位置停稳画面。有表演的场面要按照人物动作不能过早或过晚地停稳画面，当画面停稳之后要有适当的长度使表演告一段落。落幅的画面构图要精确，但在特殊条件下，运动镜头之间相连接时，画面也可不停稳，采用“动接动”的衔接方法。

第四，景别逐渐变化，时空连续完整。

第五，节奏由紧到松，产生情感色彩。

第六，在片尾产生一种结构性意蕴。

第七，作为转场的一种手段①。

3. 摇摄

（1）定义

摇摄，是指摄像机机位不动而轴线变动的一种拍摄方法。

（2）分类

摇摄分为水平摇摄、垂直摇摄、环型摇摄、倾斜摇摄。

（3）作用

第一，扩大视野、展示环境、突破框架即“空间局限”。

第二，使小景别画面容纳更多信息。

第三，利于交代相同场景中两个被摄对象之间的内在联系。

第四，利用摇、甩镜头使画面产生一种爆发力。

第五，相同群体摇摄产生积累效应。

第六，利用非水平摇摄能造成不稳定感和真实感。

第七，作为一种有效的转场手段。

（4）基本要求

第一，速度应与画面内容相对应。

第二，明确目的。

第三，要讲究过程的完美和谐，速度稳、准、匀。

4. 移摄

（1）定义

将摄像机架在活动载体上，进行移动拍摄。

（2）特征

第一，画面中固定或运动物体都呈现出运动势头。

第二，具有强烈的主观色彩（摄像机运动视角代表人的主观视角）。

第三，表现的画面是完整连续的，呈现出多景别、多构图的造型效果。

---

① 电视剧《武朝迷案》第一集里狄仁杰从眼睛拉到全景的镜头便是如此。

(3) 作用

第一，拓展了造型纵横空间。

第二，利于表现大场面、大纵深、多景别的气势。

第三，通过强烈色彩镜头表现出自然生动的真实感、现场感。

第四，表现各种运动条件下的视觉效果。

(4) 拍摄要求

第一，力求画面平稳、保持画面水平。

第二，尽量使用广角镜头。

第三，随时调整焦点，保证被摄体始终在景深范围[①]之内。

5. 跟摄

(1) 定义

摄像机始终跟随运动的被摄主体一起运动的拍摄(包括前跟、后跟、侧跟)。

(2) 特点

第一，摄像机与被摄主体始终处于相对的位置。

第二，视距、景别相对稳定。

第三，跟镜头画面中有一个明确的运动主体。

(3) 作用

第一，连续而又详尽地表现主体。

第二，利于通过人物引出环境。

第三，利于表现一种主观性镜头。

第四，在纪实新闻节目中，有着重要的纪实性。

(4) 拍摄要求

第一，跟上、跟准被摄对象。

第二，注意焦点、角度和光线入射角的变化。

6. 升降拍摄

(1) 定义

升降拍摄，是指摄像机借助升降设备，一边升或降一边拍摄的拍摄方式。

---

① 景深范围：处在不同距离上的被摄主体，在成像平面上都能获得清晰图像的空间范围。

（2）特点

第一，视野扩展、压缩变化大而快。

第二，形成多角度、多方位、多构图的画面。

（3）作用

第一，利于表现高大物体的局部。

第二，表现纵深空间中的点面关系。

第三，展示事件的规模、气势氛围。

第四，实现一个镜头内容的转换与调度。

7.综合运动摄像

（1）定义

综合运动摄像，是指摄像机在一个镜头中，把推、拉、摇、移、跟、升、降等多种运动摄像方式，不同程度有机结合的拍摄方式。

（2）表现方式

第一，先后式。

第二，包容式。

第三，推拉摇移混合式。

（3）表现特点

第一，多景别、多角度、多视点效果。

第二，运动轨迹多方向、多方式。

（4）作用

第一，利于在一个镜头中表现场景中相对完整的情节。

第二，利于再现现实生活的流程。

第三，通过表现画面结构的多元性，形成表意的多义性。

第四，在综合较长时间的连续画面中，与音乐旋律变化结合。

（5）拍摄要求

第一，镜头运动要保持平衡。

第二，镜头转替要力求与人物运动方向一致。

第三，机位运动时将主题处理在景深范围之内。

第四，摄像有关人员应默契配合，步调一致。

14.3 长镜头

14.3.1 长镜头的定义及发展历史

1.长镜头的定义

长镜头是指用比较长的时间，对一个场景、一场戏进行连续的拍摄，形成一个比较完整的镜头段落。长镜头原指景深镜头，是相对于蒙太奇剪辑中分解的镜头而言的。

法国电影理论家安德烈·巴赞对长镜头有了新的认识，并把它作为与传统蒙太奇相对立的电影美学表现方式，他认为蒙太奇破坏了电影语言的真实性和客观性，限制了影片的多义表达，将不真实的画面和思想通过蒙太奇手法灌输于观众脑中。巴赞主张运用长镜头拍摄影片，他认为只有这样才能保持剧情空间的完整性和真正的时间流程。长镜头理论正是在巴赞对传统蒙太奇的批判和突破下产生的电影理论。

2.长镜头的发展历史

从1895 年卢米埃尔兄弟用“活动电影机”在巴黎公开放映电影、标志着电影诞生的那日起，长镜头也随之产生。从形式上来看，卢米埃尔兄弟的电影大多由固定的单镜头构成，这就是长镜头的最初形态，即由固定镜头拍摄的时间空间的连续体。

之后，又有一些影片使用了较为完整的连续拍摄，也就是长镜头拍摄，但是这些无意的行为并没有得到足够的重视，更没有人将它独立命名并进行研究，长镜头所形成的审美效果还是只存在于人脑中，没有落在文字及专业的学术研究上。作为技巧的长镜头，和当时盛行的蒙太奇原则是互相对立的，并不受重视。

14.3.2 长镜头在影视作品中的应用

长镜头在电影中的运用是灵活且有难度的。在电影拍摄中，长镜头的三要素景深镜头、场面调度和移动摄影的配合运用，可产生一镜到底的审美效果。

例如，在第87届奥斯卡颁奖礼上，电影《鸟人》成为最大赢家，夺得了最佳影片、最佳导演、最佳原创剧本和最佳摄影四项大奖。在其他国际电影节及颁奖礼上，《鸟人》也成绩斐然，成为近几年来最值得关注的电影之一。《鸟人》之所以能够得到广泛的赞誉，离不开该片对长镜头的充分利用。电影中大部分场景都是在百老汇圣詹姆斯剧院内拍摄的，为了使影片达到一镜到底的效果，演员们通常需要一次完成长达15 页剧本内容的拍摄，并且进行严格的走位，不能有丝毫差池。而电影完成后呈现出完美无缝的衔接和行云流水的节奏让观看者感受到了新的视觉体验以及独特的美感。

该片摄像艾曼纽·卢贝兹基无与伦比的摄影技巧在2013年饱受赞誉的电影《地心引力》中就已经充分展现。卢贝兹基曾在《地心引力》中贡献了一个令人震惊的长镜头，而在影片《鸟人》中，这种对长镜头的娴熟运用得到了更充分的展现。导演用仅仅30天拍出了一部完成度极高的佳作，斩获各种大奖，展现出长镜头在电影拍摄中所占据的重要地位与独特魅力。

1.景深镜头

景深原来是一个摄影名词，指拍摄画面中前后景物的清晰距离。而电影中的景深镜头，是指表现景深范围内不同层次的被摄物之间关系及其运动的镜头。景深镜头通常也是长镜头。

利用景深镜头加强画面的丰满度，在以《地心引力》为代表的诸多电影中都有所体现。影片《地心引力》在开头有一个长达13 分钟的长镜头，在第5分钟左右出现的两位宇航员一边聊天一边维修航天机器的场景中，由于太空的失重，钉子飞出仪器（飞向镜头），这时男主角去抓住钉子的一瞬间，画面呈现出利用景深镜头所达到的主次分明、虚实转换的视觉效果，在给人一种真实感之余又令人震撼。

2.移动摄影

在主要利用移动摄影进行拍摄的长镜头中，2006年上映的科幻电影《人类之子》中的枪战场面堪称经典。该片由艾方索·柯朗执导，获得了三项奥斯卡的提名。其中，长达三分多钟的枪战场面，采用跟拍男主角的方式进行移动摄影，是一段经典的高难度长镜头。近距离的跟拍带给观众置身于危险暴动现场的惊奇体验，令观众产生充分的真实感和惊险感。

3.场面调度

场面调度，意为“摆在适当的位置”，或“放在场景中”。场面调度是在银幕上创造电影形象的一种特殊表现手段，指演员调度和摄影调度的统一处理，被引用到电影艺术创作中来。

构思和运用电影场面调度的基本原则有：第一，电影剧本是调度的根本。在进行场面调度时，应该以剧本中的剧情、人物性格和人物关系为基础，进行合理的场面调度，使其符合客观的故事构架。第二，要考虑到实际拍摄条件，结合实际情况设计场面调度，在电影拍摄，尤其是运用长镜头拍摄时，更应该对现场的实际状况进行充分的考虑，因为长镜头不可能像蒙太奇一样使用较多的剪辑，所以根据现场实际状况进行合适的场面调度，可以在镜头中呈现更多的有效信息。利用场面调度，使电影中的人物性格、情感、人物之间的关系以更简单易懂的方式表现出来。丰富的画面场景变换，增加了影片的可看性。场面调度交代了影片的时间和空间，有效并潜移默化地呈现电影所表现故事的背景。场面调度对电影形象的造型处理，也起着重要的作用。

①演员调度

在由韩国导演朴赞郁执导的、于2003年上映的惊悚电影《老男孩》中，有一个经典的3分钟的长镜头一直被观众津津乐道，那就是男主角吴大秀与一帮打手的走廊大战。摄影机在侧面进行拍摄：吴大秀先是勇猛地打倒两三人，后被压在地上群殴，又奇迹地站起来开始各个击破，最后以一敌众，打手们不敢再继续阻拦。

这个片段中，机位和人物都只在水平方向移动和调度，但观众并不觉得乏味，反而感觉非常真实。吴大秀从凶猛—倒地—被殴打—重新站起—又被对手占上风—彻底打败对手，镜头内容一波三折，打手虽然很多，但是并没有让人觉得杂乱或者影响到主角在画面中的焦点地位。虽然该长镜头只有水平调度，没有特写主角的表情，但是通过主角的动作和其他打手演员的配合，将主角的凶猛和悲壮的情感展现得淋漓尽致。这就是科学的演员调度，让该长镜头的内容变得紧张又有条理。

②摄影调度

在2006年由乔·怀特执导的剧情类电影《赎罪》中，有一个表现二战敦刻尔克大撤退时海滩场景的经典长镜头，在这个长达5分钟的长镜头中，共出现两千多名演员，这场戏在拍摄时使用了小型轨道装置，摄像机在环绕海滩后向士兵演唱歌曲的木台方向移动，在此期间，摄像机既经过水平面也经过斜坡等场地，综合运用了对比调度和纵深调度等手法，也运用了反拍、正拍、侧拍等形式。在该长镜头中，拍摄的路线、场景的展现、演员的走位和视点的交替都安排得十分细致严谨，呈现出敦刻尔克撤退途中海港上35 万士兵等待撤退时的焦虑、迷惘、紧张又迫切的心情，也体现出战争带给人们的痛苦。值得一提的是，该长镜头的最终汇聚点——木台上的一群双眼带着渴望的、唱着歌的士兵，为该长镜头情感的渲染锦上添花。

14.3.3 长镜头表现出的审美效果

巴赞认为长镜头能够最大限度地保持电影时间与空间的统一性和完整性，使电影中人物的行为变得更真实细腻，从而将观众带入影片人物的感情之中，符合纪实美学的特征。

长镜头具有三个方面的功能特点：第一，长镜头运用潜移默化的表意形式，通过完整表现故事的发展和人物的细节来暗示结局和制造悬念，含蓄中透出事实和动机；第二，长镜头尊重时间，景深镜头还原空间，长镜头和景深镜头的搭配运用可以呈现出空间时间的真实；第三，连续拍摄的长镜头体现出现代电影的叙事手法原则，选择运用更加自然的方式叙述电影，而不是“为了故事而故事”，使观众备感真实。

因而，长镜头成为记录电影完整统一的时空、表现事态的连续性并充分展现纪实性的拍摄手段。

1.所记录的时空是现实可感的

长镜头不破坏时间的自然性，不延伸或缩近空间的维度，保持画面与实际时间、空间过程一致。对比蒙太奇常常将不同地域、不同时段的镜头剪切在一起而丰富故事的戏剧性。长镜头表现的时间空间是现实可感的。在镜头的运动中，观众可以置身其中。随着镜头中时间空间的变换，观众的视线完全被紧凑而真实的故事所牵引。

杜琪峰执导的于2004 年上映的电影《大事件》，获得42 届台湾金马奖最佳导演奖。该电影中一个长达10分钟的长镜头引发了电影界的一致好评，该长镜头出现在影片开头，起到了交代故事背景、事件发生场景，烘托主角登场等作用。该长镜头虽然并未展现出杜琪峰警匪片一贯的节奏紧张的剪辑，但是完整地展现了真实的时间空间，让观看者一开始就有真实记录现实的感觉，影片因此展现出独特的魅力。

曾经执导过《七宗罪》《搏击俱乐部》等经典影片的导演大卫·芬奇所拍摄的、于2002 年上映的电影《战栗空间》中有一个非常精彩的一镜到底的长镜头，呈现出电影主场景的空间关系，以及反派人物登场的氛围。该长镜头利用CG技术[①]合成，在将近3分钟的时间里穿梭于封闭复杂的大楼空间，完整的镜头引人入胜地将大楼复杂结构充分展现出来。观众的视点被无限拓展，强烈的临场感被植入镜头之中。

2.所表现的事态的进展是连续的

由尼古拉斯·凯奇主演的电影《战争之王》的开篇，是一个长达4 分钟的长镜头，虽然并不是完全由摄像机拍摄所完成的，而是借助于CG技术（电脑特效），但是该镜头呈现出的连续性让观看者印象深刻。

---

① CG是英语Computer Graphics的缩写，指利用计算机技术进行视觉设计和生产。它既包括技术也包括艺术，几乎涵盖了利用计算机技术进行的所有的视觉艺术创作活动，如平面设计、网页设计、三维动画、影视特效、多媒体技术，以及计算机辅助设计的建筑设计等。现在CG的概念正在扩大，已经形成一个可观的经济产业。我们提到CG时，一般指以下四个主要领域：CG艺术与设计、游戏软件、动画、漫画。

这个长镜头具有极强的连续性，因而达到了新奇的视觉效果。该长镜头作为开篇，以小见大，从一颗小小子弹的命运折射出整个电影要表达的“武器捆绑着的社会人的冷漠”的内涵，既独特又意味深长。整个镜头一气呵成，展现出武器工业中正不压邪的残酷和冷漠，在观众的视觉和心理上都强化了对长镜头的审美认知。

3.具有不容置疑的真实性

长镜头所具有的空间时间的完整性和叙事的连续性特点，展现出电影的真实性。无论是《鸟人》的无缝剪辑、贯穿始终的长镜头，在拍摄了30天的电影中展现出发生在两三天内的故事；还是《人类之子》中跟拍男主角的枪战场面的长镜头，所展现出的置身枪林弹雨中的真实感；或是《赎罪》中众多人物调度下展现的海滩大场景，都带给观看者不容置疑的真实感和现场感，相对于蒙太奇的压缩或延长时间、跳转空间而言，连贯的拍摄、合理的摄像机调度和演员调度下的长镜头，更能实现真实完整的记录，形成新的审美体验。

本章思考与练习题

1.什么是运动摄像？

2.推、拉、摇、移、跟、升降的特点和拍摄要求是什么？

3.综合运动镜头的作用和拍摄要求是什么？

4.什么是长镜头？

第15章　拍摄附件的使用技巧

15.1　摄像轨道的使用

要使用摄像工具，首先必须要了解摄像轨道车，它是移动推拉流畅的保障。

15.1.1　轻便的摄像轨道车

1.配置

整套的摄像轨道车配置如图15–1所示，包含有折叠车体、1.2m直轨、连接枕木、承托枕木等。组装而成的轻便的摄像轨道车如图15–2所示。

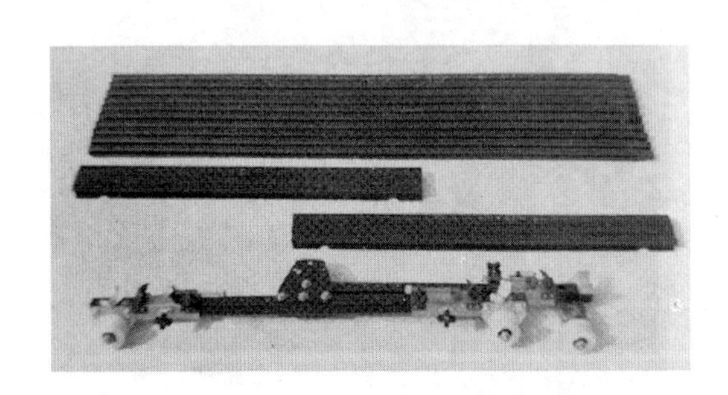

图15–1　整套轨道车配置

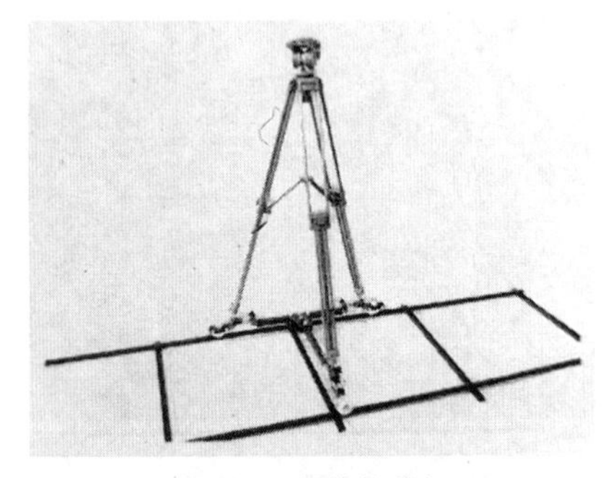

图15–2　摄像轨道车

2.安装

直轨、枕木安装如图15–3所示。直轨接口阴阳相连。枕木下端的多接触面设计不但防滑，而且减少了对地面的单位面积上的压力；枕木的位置应该适应拍摄时的地形。

3.技术指标

如图15–4所示的轻便摄像轨道车，轨道轨距为0.62米，单节长度为1.2米，全套共5节，全场共6米，全套重量为10千克，约可承重最大50千克。

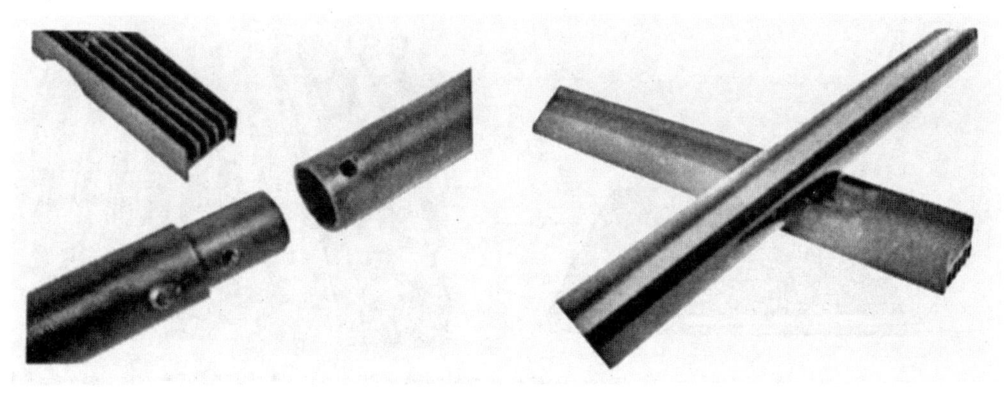

图15-3　安装方法

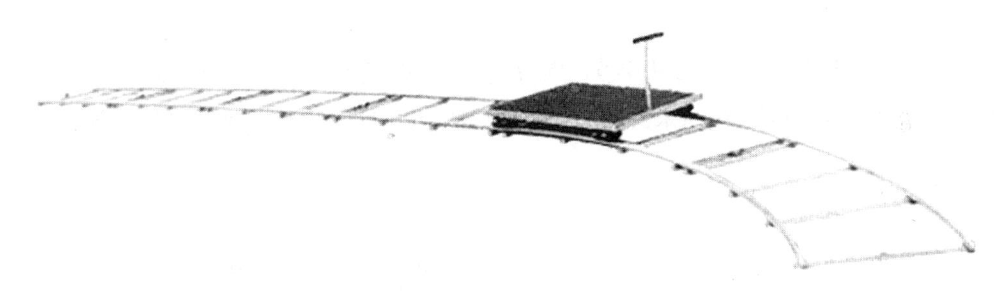

图15-4　通用的摄像轨道车

4.主要用途

总重量全套10千克，最大长度1.2米，携带很方便。轻便实用的特性和低廉的价格，非常适合个体的影视工作室、教学实训以及经常到外地拍摄的影视从业人员。

15.1.2　通用的摄像轨道车

1.配置

通用的摄像轨道车由直轨、弯轨以及平板移动车构成，如图15-4所示。全套导轨由不锈钢工业管制作而成的，移动车为16轮平板移动车。导轨与平板移动车如图15-5所示。

2.安装

整套配置可根据拍摄场景摄像轨迹的需要，任意选用直轨与弯轨构成，轨道与轨道之间的接缝要紧密。如果在不平坦的地面上使用时，可以放些枕木保持平衡。轨道铺好后，再在上面放上平板移动车。

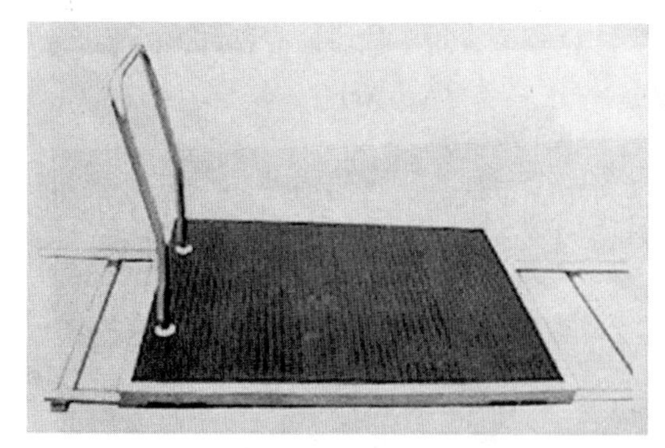

图15-5　导轨与平板移动车

3.技术指标

直轨单节长度为1.5米，弯轨单节长度为1.8米，轨道轨距为0.65米，约可承重600千克。16轮轨道车为110厘米×80厘米，承重300千克，适合0.62米和0.65米两种轨距的轨道。

4.主要用途

摄像轨道车适用于电视节目、广告以及企业宣传片等场景的拍摄。

15.1.3　轨道车摄像方法

图15-6　轨道车摄像方法

摄像时，将三脚架及摄像机架在平板移动车上，如图15-6所示。摄像师站着或将一张椅子放在移动车上并坐在椅子上，待各项准备完成后，摄像师发出指令，摄像助理配合将车匀速移动，这就是摄像轨道车的基本使用方法（目前已有更为先进的电动移动车，同学们可以上网了解一下）。

15.1.4　摇臂的使用

1.摇臂技术的基本知识

摄像机的摇臂分为很多种，一般按电影应用和电视应用来划分。电影摇臂相对于电视摇臂来说技术含量高，同时价格也要高出许多，不过种类相对较少；因为电视节目类型较为丰富，所以应用于电视的摇臂种类也比较多，主要可分为带座位、全遥控及全手动三种，其中，只有部分摇臂具有臂杆收缩的功能。目前，世界上的主流电视类摇臂主要有：德国Movietech大型摇臂、德国ABC大型摇臂、美国Jimmy Jib大型摇臂、英国Polecat鱼竿式摇臂和Power Jib小摇臂。

考虑到一般摇臂设备的体积和重量都很大，摇臂的安装一定要以安全为主，安装时要在安全的情况下有条不紊地进行。如果在室外安装还应考虑到：

第一，若安装在马路上，要注意来往行人和车辆。

第二，若安装在大楼顶上，要注意风力对设备安全的影响。一般摇臂加长至7米以上就容易受风力影响。

第三，若安装在游轮上，要注意轮船左右摇摆带来的不安全因素。

第四，若安装在农田里，要注意地基的坚硬度，根据地形不同，可灵活选择装大炮轮或不装车轮直接靠三脚架支撑。

摇臂架设好以后应该检查摇臂设备各部位的云台水平和动态平衡情况，确认无误后再把摄像机安装上去，并及时调整好摄像机的水平和动态平衡，然后拖至导演要求的位置，锁定摇臂即可。

对于我国来说，摇臂技术的应用比较晚，技术应用水平也较为落后，所以存在着许多使用误区，主要有：

第一，摇臂摄像机在实际运用中一般由单人操作，但从安全角度来说，应该有两个人同时操作摇臂摄像机，其中一人控制方向和位置并保证摄像机的安全，另一人控制操作手柄，保证画面的质量。

第二，经常有导演与摇臂摄像师沟通不足，导致配合上的不默契和镜头画面的衔接不流畅。

第三，虽然电视节目的类型丰富，但是所使用的摇臂型号过于单一，影响镜头画面的表现力。

第四，人员配备和安全措施不足，导致摇臂设备的不必要损坏。

第五，摇臂作用未能完全发挥。

2.摇臂摄像技术在电视节目中的应用

摇臂摄像技术在电视节目中的应用非常广泛，能够为观众带来独特的视角和震撼的视觉效果。在电视节目中，摇臂摄像主要用于拍摄大场面、大场景，如演唱会、体育比赛、庆典活动等。使用摇臂摄像技术，能够捕捉到更为广阔的画面，展现出更为丰富的场景元素，让观众感受到更为逼真的视听体验。

除了拍摄大场面外，摇臂摄像技术在电视节目中的另一个常见应用是呈现特殊效果。使用摇臂摄像技术，可以呈现飞越、旋转等特殊效果，让画面更加生动、有趣。这些特殊效果的使用能够为电视节目增添更多的看点，提高观众的观赏体验。

此外，摇臂摄像技术还可以用于拍摄纪录片和新闻报道。使用摇臂摄像技术，能够捕捉到更为真实的画面，让观众更加深入地了解事件和人物的背景。在纪录片和新闻报道中，摇臂摄像技术的应用能够为内容提供更为丰富、生动的表现形式，提高观众的认知和理解。

（1）摇臂摄像技术在演唱会中的应用

在演唱会中，摇臂摄像技术扮演着至关重要的角色。它不仅为观众带来了震撼的视觉效果，还增强了现场气氛，使观众能够更加沉浸于演唱会的情境之中。

摇臂摄像技术在演唱会中主要用于拍摄宏大的场景，展现多角度的视角。通过使用摇臂摄像，摄影师可以从不同高度和角度捕捉到舞台上的精彩瞬间，展现出更为丰富的画面元素。这不仅包括舞台上的歌手、乐队和舞者，还包括舞台背景、灯光效果以及现场观众的反应等。这种全方位、多角度的拍摄方式使观众能够更加深入地感受到演唱会的氛围。

摇臂摄像技术也常用于呈现特殊效果。例如，在演唱会中，摇臂摄像可以捕捉到歌手飞跃舞台的瞬间，或者拍摄到舞台上的烟火、激光等特效。这些特殊效果的使用使画面更加生动、有趣，为演唱会增添了更多的看点。

摇臂摄像技术还可以用于呈现演唱会的细节和情感表达。近距离拍摄歌手的面容、表情和动作，让观众可以更加深入地感受到他们所传达的情感和能量。这些细节的捕捉和情感的表达能够让观众更加投入于演唱会的情境之中，增强他们的观赏体验。

（2）摇臂摄像技术在体育节目中的运用

在体育节目中，摇臂摄像技术是一种常见的拍摄手法，它为观众呈现了极具震撼力和现场感的画面。这种技术的应用，不仅丰富了体育节目的表现形式，还为观众带来了全新的观赏体验。

摇臂摄像技术在体育节目中主要用于拍摄大场景和动态画面。在足球、篮球等大型体育赛事中，摇臂摄像能够捕捉到运动员奔跑、跳跃等精彩瞬间，展现出激烈比赛的全貌。同时，可以捕捉赛场上的各种细节，如观众的反应、教练的指挥等，使画面内容更加丰富多元。

摇臂摄像技术也常用于呈现体育赛事中的运动过程。例如，在赛车比赛中，摇臂摄像可以捕捉到车辆飞驰、转弯等高速运动画面，让观众感受到极速的刺激。在跳水比赛中，摇臂摄像能够拍摄到选手从高台跳下、入水等全过程，展现出优美流畅的动作线条。捕捉精彩的运动过程，使画面更加生动有趣，提高了观众的观赏体验。

摇臂摄像技术还可以用于拍摄体育赛事中的战术分析和球员特写。在比赛中，教练和球员常常会采用各种战术来获得优势。通过摇臂摄像的拍摄，可以将这些战术清晰地呈现出来，帮助观众更好地理解比赛。同时，拍摄球员的特写镜头，可以让观众更加深入地了解他们的表情、动作和心理状态，增强观众与球员之间的互动和共鸣。

（3）摇臂技术在谈话类节目中的运用

在谈话类节目中，摇臂摄像技术扮演着至关重要的角色。它以其独特的运动全景拍摄方式，为节目增添了现场感和可看性。这种技术能够从多个角度捕捉到嘉宾和观众的互动，让观众仿佛身临其境，感受到节目的真实氛围。

摇臂摄像机的拍摄角度灵活多变，既可以展现出宏大的场景，也可以捕捉到人物细微的情感变化。在谈话类节目中，这种技术常常用于拍摄嘉宾之间的互动、观众的反应以及现场环境的细节。通过恰到好处的运动轨迹，摇臂摄像机所呈现的画面语言会变得丰富而有趣。

为了实现最佳的拍摄效果，摇臂设备的摆放位置也是一门学问。它的位置摆放需要根据舞台和观众席的具体布局来决定，以实现最佳的拍摄角度和画面效果。在某些节目中，摇臂设备可能被设置在舞台的一侧，以便捕捉到嘉宾与观众之间的互动；而在另一些节目中，它可能被放置在台口的位置，以便从更广阔的角度展现出整个舞台和观众席的氛围。

除了拍摄角度和位置的选择外，摇臂摄像机的拍摄节奏也十分关键。为了确保摇臂摄像与谈话节奏保持和谐统一，摄影师需要对节目的节奏有深入的了解。他们需要根据谈话的节奏和氛围灵活调整摇臂的拍摄速度和角度，以便捕捉到最佳的画面效果。这种灵活运用摇臂摄像技术的方式，能够让观众更加深入地感受到节目的氛围和情感。

摇臂摄像技术在谈话类节目中的运用至关重要。恰到好处的拍摄角度、位置选择和拍摄节奏控制，能够为节目增添更多的现场感和可看性，让观众更加深入地感受到节目的氛围和情感。

（4）摇臂摄像技术在资料片、形象片及电视剧中的应用

摇臂摄像技术以其独特的视觉效果和表现力，在资料片、形象片及电视剧的创作中占据了举足轻重的地位。在资料片的拍摄中，摇臂摄像技术常常被用来展现企业的宏大场景和规模，从而传达出企业的实力和氛围。例如，当拍摄一部有关大型企业的资料片时，摇臂摄像技术可以从空中捕捉整个厂区的壮观景象，呈现出企业的规模和实力。这样的

镜头语言，不仅能够使观众感受到企业的规模，还能够突显出企业的实力。

在形象片中，摇臂摄像技术能够充分发挥其视觉优势，提升影像的层次感和深度。比如，在拍摄一座城市的形象片时，摇臂摄像技术可以从低角度捕捉到城市的繁华景象，展现出城市的生机与活力。拉远镜头可以展示出城市的全貌，使城市形象更加立体、饱满。此外，拍摄某些特别的场景，如商业大厦、风景名胜等时，摇臂摄像技术也能够通过其独特的视角和拍摄手法，展现出这些场景的壮丽和美丽。

电视剧的拍摄更是离不开摇臂摄像技术的支持。通过使用摇臂摄像技术，电视剧的创作者可以更加自由地探索各种拍摄手法和视角，给观众带来更加强烈的代入感。比如，在长镜头的拍摄中，摇臂摄像技术起到了关键的作用。它能够在保证画面流畅的同时，呈现出更加丰富的内容和细节。而在跟踪拍摄中，摇臂摄像技术更是能够让画面更加流畅、自然，使观众仿佛身临其境。

此外，摇臂摄像技术在综艺晚会等节目中也有着广泛的应用。这些节目通常需要录制大量的现场互动画面，而摇臂摄像技术则能够轻松应对这一需求。捕捉观众的掌声、欢呼声等声音，让现场气氛更加热烈、浓厚。而在室内剧场演出中，摇臂摄像技术也可以发挥其作用。除了保障节目内容的录制外，它还可以录制观众的互动画面，让整场表演更加生动有趣。

3.摇臂摄像结论

摇臂摄像，听起来是一个冷冰冰的专业词，实则蕴藏着无限的魅力和创意。它拍摄出的画面带给观众的往往是震撼、新奇与沉浸式的体验。作为电视制作中的“秘密武器”，它拍摄的每一个画面都承载着技术人员的汗水与智慧。

在国内，摇臂摄像技术的运用虽然相对较晚，但发展速度之快令人惊叹。这背后，是无数电视制作人员对技术的不懈追求。每一次成功的拍摄，都是对技术、场景和团队协作的完美结合。通过摇臂摄像，我们能够捕捉到那些平日里难以触及的角度，展现出令人惊叹的视觉效果。

为了创作出更多震撼人心的画面，摇臂摄像技术人员不断地挑战自我。他们深知，每一个成功的画面背后都蕴藏着无数次的失败与尝试。因此，他们不仅仅满足于现状，更不断开拓创新，为每一部作品注入新的活力与创意。这种探索与求新，使摇臂摄像技术在中国得到了飞速的发展和应用。

在未来的电视制作中，摇臂摄像技术无疑将继续发挥其独特的魅力。随着技术的不断进步，我们有理由相信，它将为观众带来更多前所未有的视觉盛宴。而对于技术人员来说，每一次的挑战与尝试都是对自我的超越。正是这种超越，推动着摇臂摄像技术的不断提升，使其成为电视制作中的一颗璀璨明星。

15.2 单反相机视频拍摄及摄像套件使用技巧

现在大多数单反相机都具有视频拍摄功能。可是，真要拍一段像样的视频，你就会体会到：说起来容易，做起来难！

15.2.1 单反相机拍视频的可靠性问题

单反相机在拍摄视频方面具有相当高的可靠性，这主要得益于其高质量的图像传感器和镜头。这些高级组件确保了所录制的视频具有令人惊叹的清晰度、细腻的画质以及生动的色彩，为观众呈现出一幅真实且引人入胜的场景。

单反相机的自动对焦速度非常快，这对于拍摄快速移动的物体或场景非常有利，但在某些情况下，自动对焦可能会出现问题，导致对焦不准或对焦跳动的情况出现。这可能会影响到视频的整体观感，降低观众的观看体验。在这种情况下，摄影师可以尝试使用手动对焦模式，或使用预先对焦来锁定焦点，以解决对焦问题。

除此之外，单反相机的内置麦克风往往不足以录制高质量的视频音频。在嘈杂的环境中，内置麦克风容易受到噪音干扰，影响音频质量。为了获得更好的音频效果，建议使用外部麦克风或高质量的录音设备进行录制，以确保音频与视频一样出色。

需要注意的是，长时间连续录制视频可能会导致单反相机过热并自动关机。为了避免这种情况发生，摄影师应密切关注相机的散热情况，并在必要时采取措施为其降温。

虽然单反相机在拍摄视频方面具有一定的可靠性，但在实际操作中仍需谨慎处理各种问题。通过采取适当的措施和注意事项，摄影师可以确保所拍摄的视频质量达到最佳状态，为观众呈现出一部精彩绝伦的作品。

15.2.2 对单反相机拍视频的不同意见

1.操作复杂

单反相机尽管拥有卓越的成像性能，但其操作界面和设置相对复杂。从调整光圈、快门速度到ISO的设定，每一个参数都需精心调配。对于初学者而言，这无疑是一个巨大的挑战，需要时间和耐心去熟悉和掌握。

2.重量与体积过大

携带单反及其配套镜头进行长时间拍摄时，会明显感受到其重量。这不仅可能影响拍摄的持久性，而且在某些情况下，如对野生动物进行摄影时，其较大的体积和重量可能会惊扰被摄对象。

3.高昂的价格

高质量的单反相机和镜头往往价格不菲，这使许多摄影爱好者在入门时就面临不小的经济压力。不仅购置成本高，后期的维护和升级也是一笔不小的开销。

4.环境限制

在低光或水下等特殊环境中，单反相机的性能可能会受到限制。为了在这些条件下拍摄出理想的照片，可能需要额外的照明设备或潜水壳等辅助工具。

5.能源消耗

单反相机由于其复杂的机械结构和电子元件，往往需要大容量电池来支持长时间拍摄。对于长时间的外出拍摄或连续的快门操作，其电池寿命成了一个不可忽视的问题。

6.技巧要求高

单反相机为用户提供了丰富的自定义设置，但这也意味着为了充分发挥其性能，使用者需要具备一定的摄影技巧。从构图到曝光控制，每一步都可能影响最终的成像效果。使用者没有经过系统的学习和实践，很容易出现参数设置不当等问题。

最后人们就会说，一个手机什么都能拍。

那么，他们的观点是否能够代表大多数人?

答案是否定的。尽管存在这些不足，单反相机仍然是许多专业摄影师和摄影爱好者的首选工具。它所提供的图像质量、操控性和灵活性使其在摄影界中占据着不可替代的地位。对于初学者或预算有限的人来说，选择合适的摄影工具还需根据自身需求进行权衡。

15.2.3 单反相机实时取景与视频功能的联系

单反相机的实时取景功能和视频功能是相互关联的，它们在许多方面都存在密切的联系。实时取景功能提高了拍摄的便捷性。通过相机的液晶屏或电子取景器，摄影师可以实时、直观地调整拍摄参数，确保画面的准确性和稳定性。这种功能在视频录制时尤为重要，因为摄影师可以在录制过程中预览效果，并根据需要进行即时的调整。

单反相机的视频功能也是以实时取景为基础的。在录制视频时，实时取景功能可以提供更好的控制和预览效果，使录制更加方便和精确。此外，单反相机的传感器和图像处理引擎通常拥有高分辨率和高动态范围，因此，能够拍摄出细腻、真实的画面，为视频录制提供了更大的发挥空间。

单反相机的实时取景功能和视频功能是相互关联的，共同构成了相机的核心功能。通过实时取景，摄影师可以更好地控制和预览拍摄效果，确保画面的准确性和稳定性；而视频功能则能够捕捉生活中的每一个精彩瞬间，提供更为丰富的创作可能性和视觉体验。

15.2.4　单反相机拍摄视频的品质

不同厂家的单反相机在视频分辨率、像素、帧率以及拍摄4K能力方面存在一些区别。以下是一些常见相机的相关参数。

佳能（Canon）：佳能单反相机在视频拍摄方面表现优秀，提供了多种分辨率和帧率选项。例如，Canon EOS 5D Mark IV可以拍摄4K（3840×2160）分辨率的视频，最高帧率为60fps。

尼康（Nikon）：尼康单反相机在视频拍摄方面也具有较高的性能。例如，Nikon D850可以拍摄8K（7680×4320）分辨率的视频，最高帧率为30fps。

索尼（Sony）：索尼单反相机在视频拍摄方面具有出色的性能，提供了多种分辨率和帧率选项。例如，Sony A7R IV可以拍摄8K（7680×4320）分辨率的视频，最高帧率为30fps。

不同厂家的单反相机在视频分辨率、像素、帧率以及拍摄4K能力方面存在差异，具体取决于相机的型号。如果需要拍摄高分辨率和高帧率的视频，可以选择相应厂家的高端单反相机。另外，不同厂家的单反相机在视频拍摄方面的性能也存在差异，需要根据实际需求选择合适的相机。

说到这里，有人可能会说："我的单反相机像素数比1080p视频高得多啊！"是的，1080p视频的像素数只有200万左右，我们的相机动辄高达千万像素，但是现在受制于传输速度和缓存大小等因素，还无法每秒记录如此庞大的数据，目前常见的播放设备只能播放出1080p的全高清视频。

15.2.5 单反相机拍摄的视频格式

如果你觉得选择JPEG和RAW格式已经很复杂了，那么，视频模式会让你更加头疼，因为各个厂家的视频模式都有所不同。

不同厂家的单反相机支持的视频格式各有不同，以下是几个主流厂家的单反相机所支持的视频格式：

佳能（Canon）：佳能单反相机支持多种视频格式，包括MOV、MP4等。其中，MOV格式通常用于拍摄高质量的视频，而MP4格式则更适用于拍摄较小容量的视频。

尼康（Nikon）：尼康单反相机也支持多种视频格式，包括MOV、MP4等。与佳能类似，MOV格式通常用于高质量的视频拍摄，而MP4格式则更适用于一般用途。

索尼（Sony）：索尼单反相机主要支持XAVC S、AVCHD等视频格式。这些格式通常用于高清视频拍摄，并具有较好的画面质量和声音质量。

富士（Fujifilm）：富士单反相机主要支持MOV、MP4等视频格式。这些格式可以提供较好的画面质量和声音质量，并且兼容性好，易于编辑和分享。

奥林巴斯（Olympus）：奥林巴斯单反相机主要支持MOV、AVI等视频格式。这些格式可以提供较好的画面质量和声音质量，但需要注意的是，某些格式可能需要特定的软件进行编辑和处理。

不同厂家的单反相机支持的视频格式可能有所不同，因此，在选择拍摄视频时需要根据自己的需求和预算选择合适的相机和视频格式。同时，为了确保兼容性和可编辑性，建议在拍摄前了解相机的视频格式特点和后期编辑软件的要求。

15.2.6 单反相机的收音问题

单反相机，以其卓越的图像捕捉能力和专业级的拍摄性能著称，却在声音收录方面存在显著的局限性。这种局限性在很大程度上源于其设计初衷。单反相机主要是为了拍摄高质量的图像而设计的，而声音的收录并不是其核心功能。

从硬件角度来看，单反相机内置的话筒通常质量一般。这些话筒并不是为专业录音而安装的，因此在音质上可能无法与专业的录音设备相媲美。对于需要高质量声音收录的场合，单反相机的录音效果可能会显得力不从心。

单反相机的录音功能在距离上存在明显的限制。由于其话筒的灵敏度有限，因此在较远的距离上，录制的音质可能会变得模糊不清，甚至无法听到。这无疑限制了其在某些特定场合的应用，例如在音乐会或演讲会等需要远距离录音的场合。

风噪和环境噪声也是单反相机录音功能所面临的挑战之一。在有风的环境中，风可能会吹过话筒，产生令人讨厌的噪声。同样地，在嘈杂的环境中，如街头、市场或机场等地方，环境噪声可能会掩盖掉所需录制的声音，使录制效果大打折扣。

有些支持手动声音电平的单反相机可以很方便地外接专业话筒和声音采集设备，以获得更好的声音质量。

在单反相机的外接话筒设计中，一些制造商提供了多种接口和选项，以适应不同的录音需求。一些常见的接口包括3.5mm耳机插孔，通过这种接口，用户可以将外接话筒连接到单反相机上，以获得更好的音质和录音效果。

此外，一些高端单反相机还配备了XLR接口，使用户可以使用更专业的外接话筒。这些话筒通常具有更好的音质和更高级的功能，例如噪声抑制和音频增益控制。通过使用XLR接口，用户可以获得更高质量的录音效果，以满足专业录制的需求。

15.2.7 视频拍摄中的参数设置问题

在视频拍摄中，设置参数是非常重要的环节，直接影响到最终的视频质量和效果。以下是一些常见的需设置的参数。

1.分辨率

分辨率决定了视频画面的清晰程度。常见的分辨率有720p、1080p、4K等。一般来说，分辨率越高，视频的画质越清晰，但同时文件容量也会增加，需要更多的存储空间和处理能力。

2.帧率

帧率决定了视频的流畅程度。常见的帧率有24fps、30fps、60fps等。一般来说，帧率越高，视频的流畅度也越高，但同时对机器的处理能力和存储要求也越高。

3.码率

码率决定了视频的质量和文件容量。码率越高，视频的质量越好，文件容量也会增加。一般来说，拍摄高清视频时，选择较高的码率是比较合适的。

4.颜色空间和色彩深度

这些参数决定了视频的色彩表现。常见的颜色空间有RGB和YUV等，色彩深度有8位、

10位等。用户根据需要选择合适的颜色空间和色彩深度，可以获得更好的色彩表现。

5.编码格式

编码格式决定了视频的压缩率和质量。常见的编码格式有H.264、H.265等。用户选择合适的编码格式，可以在保证视频质量的同时，降低文件容量。

在设置参数时，用户需要根据实际情况进行选择。例如，对于高清拍摄，可以选择较高的分辨率和码率；对于用于网络传播的作品，可以选择较低的分辨率和较高的压缩率。另外，还需要注意设备的处理能力和存储限制，以确保拍摄过程的流畅性和稳定性。

15.2.8 存储问题

欧盟对单反相机拍摄视频时间的限制，主要基于无线电和电信终端设备（RTTE）指令。这一指令旨在确保无线通信设备的性能和安全性，防止非法活动，如未经授权的无线电通信或间谍活动等。根据该指令，单反相机在拍摄视频时必须符合以下规定：

单次连续视频拍摄时间不得超过30分钟。这是为了防止单反相机被用于未经授权的无线电通信，保护频谱资源不被非法占用。

在连续视频拍摄过程中，相机必须具备足够的冷却时间，以确保不会过热。这是为了保护相机的安全和确保其正常工作。

相机必须具备足够的内存来存储连续拍摄的视频。这是为了确保视频数据的完整性和可用性。

单反相机在拍摄视频时，其数据储存与传统摄像机有所不同，这也带来了一些储存上的挑战。单反拍摄视频时间的长短以及数据储存受到多种因素的影响，包括存储空间、镜头和传感器、电池寿命、环境温度、文件格式和压缩率等。以下是关于单反拍摄视频时间与数据储存问题的更详细分析：

单反相机的存储空间是有限的，这直接影响到连续拍摄的时间。在长时间连续拍摄过程中，存储空间可能会迅速被填满，导致无法继续录制。因此，摄影师需要时刻关注存储空间的使用情况，及时备份或删除不必要的素材。

镜头和传感器对视频质量及热量产生影响。使用高分辨率和高帧率的镜头和传感器可以捕捉到更加细腻、流畅的画面，但同时也会产生更多的热量。热量的积累可能导致相机过热，从而中断拍摄。为了防止这种情况发生，可以在拍摄间隙让相机自然冷却，或者采用专业的散热设备进行辅助。

此外，电池寿命也是影响连续拍摄的另一个关键因素。在长时间的拍摄过程中，电池电量会逐渐耗尽，导致拍摄中断。备用电池是保证连续拍摄的必备配件。同时，为了节省电量，可以关闭一些非必要的功能，如Wi-Fi、蓝牙等。

环境温度对相机的散热性能和电池寿命都有影响。在高温环境下，相机的散热能力可能下降，导致机器过热而中断拍摄；在低温环境下，电池的续航能力也可能会受到影响，要缩短拍摄时间。因此，在不同的环境条件下拍摄，需要注意控制相机的温度，保持适宜的工作环境。

另外，不同的文件格式和压缩率对存储空间和视频质量有显著影响。选择较高的压缩率可以节省存储空间，但可能会导致视频质量受损。相反，较低的压缩率会保证视频质量，但会占用更多的存储空间。因此，在选择文件格式和压缩率时需要权衡存储空间和视频质量的需求。

单反相机拍摄视频时间的长短以及数据储存受多种因素的影响。为了确保连续拍摄的顺利进行并保护相机的正常工作和安全，摄影师需要综合考虑这些因素并采取相应的措施来应对数据储存的挑战。从选择适当的存储卡和文件格式到合理控制环境温度和电量消耗，每一步都需要细致的规划。在处理大量视频素材时，高效的数据传输和备份方案也是必不可少的环节。只有全面考虑并妥善处理这些细节问题，才能充分发挥单反相机的潜力，创作出高质量的视频作品。

15.2.9　注意事项

使用单反相机拍摄是一项充满艺术和技巧的创作活动。以下是一些关于使用单反拍摄的注意事项，帮助你更好地捕捉每一个精彩瞬间。

首先，深入了解你要拍摄的对象是至关重要的。这不仅涉及选择合适的镜头，还涉及如何以最佳方式呈现你的主题。镜头是摄影的关键元素，每个镜头都有其独特的特点和适用场景。从广角到长焦，从微距到鱼眼，选择合适的镜头将为你的作品增添独特的视觉效果。

其次，稳定拍摄是获取清晰照片的基石。为了防止相机抖动造成的照片模糊，务必使用三脚架或其他支持设备来稳定相机。这样可以大大减少手抖的影响，让你更专注于构图和捕捉精彩瞬间。

在拍摄之前，熟悉相机的参数设置也是非常重要的。ISO、光圈和快门速度是影响照片曝光和景深的关键因素。了解这些参数的作用和最佳设置方式，将有助于你获得更准确的曝光和深度，从而让照片更具表现力。

构图是引导观众视线、突出主题的重要手段。合理运用构图法则，如规则三分法、黄金分割法等，可以让你的画面更加平衡、和谐，增强视觉冲击力。

光线对照片的影响不可忽视。不同的光线条件可以营造出不同的氛围和效果。学会利用自然光和人工光源，掌握顺光、逆光等不同光线的运用，将有助于你在不同的场景下创造出令人惊叹的作品。

无论拍摄技巧多么娴熟，适当的后期处理也是必不可少的。后期软件可调整亮度、对比度、色彩平衡等参数，让照片更加完美。但要注意，后期处理应适度，不应过分改变原始照片的质感。

在使用单反拍摄时，还要特别注意遵守法律法规和尊重他人的权益。在拍摄前应征得被拍摄者的同意，并尊重其隐私权和肖像权。此外，还要注意不可侵犯他人的知识产权，避免拍摄受版权保护的物品或场景。

为了确保相机的使用寿命和拍摄效果，定期进行相机清洁和维护也是非常重要的。使用专业的清洁工具和护理产品，定期对相机进行清洁除尘，并检查相机的各项功能是否正常工作。同时，避免将相机暴露在极端的环境条件下，如高温、潮湿、沙尘等环境，以免对相机造成损害。

使用单反拍摄是一项需要技巧和经验积累的艺术活动。通过不断地实践和学习，你将逐渐掌握这些技巧，并拍摄出令人惊叹的作品。而每一次的拍摄经历也将成为你宝贵的回忆和创作的灵感源泉。

15.2.10 如何对焦

在拍摄视频时，单反相机的对焦方式与拍摄照片时有所不同，因为视频录制需要连续的对焦以保持画面的清晰度。以下是单反相机在拍摄视频时对焦的详细步骤：

1.选择对焦模式

首先，需要选择适合的视频对焦模式。大多数单反相机都有多种对焦模式，例如自动对焦、手动对焦和连续自动对焦等。连续自动对焦模式是拍摄视频时的最佳选择，因为它可以实时监测画面的变化并自动调整焦距，以确保焦点始终清晰。

2.选择对焦区域

在选择了自动对焦模式后，需要选择合适的对焦区域。单反相机通常提供多种对焦区域选择，例如单点对焦、多点对焦和区域对焦等。根据拍摄需求，选择相应的对焦区域，以便更准确地锁定焦点。

3.半按快门进行对焦

在选择了对焦模式和区域后，将相机对准被摄物体，并半按快门进行对焦。此时，相机会自动调整焦距并尝试捕捉焦点。一旦焦点被锁定，就可以继续按着快门进行视频录制。

4.跟踪被摄物体

在录制视频时，如果被摄物体移动位置，相机会自动跟踪被摄物体并进行连续对焦。这样可以确保焦点始终保持清晰，并使画面更加生动。

5.手动调整焦点

除了自动对焦外，还可以使用手动对焦模式进行视频录制。在手动对焦模式下，用户需要自行调整焦距，以便更准确地锁定焦点。这需要一定的技巧和经验，但对于一些特定的拍摄效果或创意需求，手动对焦可能会更加合适。

单反相机在拍摄视频时通过连续自动对焦模式实时跟踪被摄物体并进行连续对焦，可确保画面的清晰度。用户可以根据拍摄需求选择合适的对焦模式、区域和焦点跟踪方式来达到更好的拍摄效果。

15.2.11 相关术语

1.分辨率

分辨率决定了视频画面的清晰度。常见的分辨率有1080p、4K等。

2.帧率

帧率是指视频每秒显示的帧数，可影响到视频的流畅度和视觉效果。常见的帧率有24fps、30fps等。

3.光学稳定

光学稳定技术可以有效地抑制拍摄过程中手抖导致的画面抖动，确保视频的稳定性。

4.自动对焦

自动对焦可以帮助摄影师快速、准确地对焦，确保焦点清晰。

5. 音频录制

单反相机通常配备内置麦克风或外接音频接口，用于录制高质量的音频。

6. 变焦镜头

变焦镜头可以在拍摄过程中调节焦距，以适应不同的拍摄场景和构图需求。

7. 色温调节

色温调节允许摄影师在拍摄过程中调整画面的色彩温度，以获得理想的色彩效果。

8. 动态范围

动态范围是指相机在同一场景下能同时捕捉到的最亮和最暗的细节范围。范围越大，视频的细节表现越好。

9. 高动态范围(HDR)

该技术可以提高画面的对比度和色彩层次，使画面更接近人眼看到的真实效果。

10. 文件格式

除了常见的图像文件格式外，还有一些专用的视频文件格式，如MOV、MP4等。

了解并掌握这些参数的调整，将有助于摄影师更好地利用单反相机拍摄出专业级的视频作品。

15.2.12 单反相机的视频选项设置

单反相机的视频选项设置涉及多个方面，以下是一些常见的设置选项。

1. 分辨率

选择合适的分辨率以匹配所需的视频画质和文件大小。常见的分辨率有1080p、4K等。

2. 帧率

根据所需的视频流畅度和效果选择合适的帧率。常见的帧率有24fps、30fps等。

3.比特率

比特率决定了视频的质量和文件容量。较高的比特率可以提供更好的画质，但文件容量也会相应增加。

4.录制格式

选择合适的录制格式，如AVCHD、MP4等，以满足不同的需求和兼容性。

5.动态范围

根据场景选择合适的动态范围，以获得更好的细节表现。

6.白平衡

选择合适的白平衡模式以还原真实的色彩，或根据创意需求进行手动调整。

7.对焦模式

选择自动对焦或手动对焦模式，以确保焦点清晰。

8.曝光模式

选择合适的曝光模式，如手动、自动或快门优先等，以满足拍摄需求。

9.音频选项

调整音频录制设置，如录音质量、音量等。

10.文件格式与大小

根据存储需求和兼容性选择合适的文件格式和大小。

这些设置选项可以帮助摄影师更好地控制视频的画质、色彩、对焦和音频等方面，以满足不同的拍摄需求和创作意图。正确设置这些选项可以确保拍摄的视频质量更高，更符合预期的效果。

15.2.13 声音采集

为了确保高质量的音频采集，以下是单反相机的音频采集优化方案。

1.选择合适的麦克风

内置麦克风可以满足大多数的拍摄情况，但如果需要更高质量的录音，可以考虑使用外接麦克风。外接麦克风可以更好地隔离环境噪声，并提供更清晰的录音质量。

2.使用防风罩

在户外拍摄时，风可能会影响录音质量。使用防风罩可以有效地减少风噪声，提高录音的清晰度。

3.调整录音设置

根据需求选择合适的录音格式、比特率和采样率。参数越高，音质越好，但也会增加文件容量，可根据实际情况进行权衡。

4.手动控制录音音量

在录制过程中，手动调整录音音量可以确保录音的动态范围更广，不会出现音量过大或音量过小的情况。

5.使用耳机监听

通过耳机监听录音效果，可以更好地判断录音的清晰度和音量水平，并及时进行调整。

6.注意环境噪声

在室内或嘈杂的环境中拍摄时，要注意背景噪声的影响。尽可能选择安静的时间或地点进行录制，或使用软件进行后期降噪处理。

7.备份和保护音频文件

在录制过程中，定期备份音频文件可以避免数据丢失。同时，为了保护音频质量，避免在编辑和传输过程中进行多次压缩或转换。

8.学习和了解音频基础知识

了解基本的音频知识和技巧，如调整均衡器、动态处理和混响等，可以帮助你更好地控制录音效果，并进行必要的后期处理。

通过遵循这些优化方案，你可以有效地提高单反相机在音频采集方面的性能，获得更清晰、更动听的录音效果。记得在拍摄过程中灵活调整方案，以适应不同的环境和需求。

15.2.14　对焦问题

在单反相机视频拍摄过程中，对焦问题是一个常见挑战。为了获得清晰的画面，需要注意以下几点。

1.选择合适的对焦模式

根据拍摄对象和情境，选择单次对焦、连续对焦或手动对焦模式。单次对焦模式适用于拍摄静止对象，连续对焦模式适用于拍摄移动对象，手动对焦拍摄则适用于需要精确控制焦点的情况。

2.使用焦点锁定功能

在拍摄时，使用焦点锁定功能可以确保相机对焦在所需的主体上，避免焦点不断漂移。

3.检查镜头对焦距离

确保镜头对焦距离适中，不要太近或太远，以获得最佳对焦效果。

4.清洁镜头

镜头上的污垢或指纹可能会影响对焦的准确性。定期清洁镜头，确保其表面干净。

5.调整相机设置

检查相机设置中的对焦区域选择、对焦模式等，根据需要进行调整，以提高对焦准确性。

6.使用辅助工具

在某些情况下，使用对焦辅助工具如对焦尺或对焦环，可以帮助更精确地控制焦点。

7.练习与技巧

熟练掌握对焦技巧需要时间和练习。通过多拍多练，提高对焦准确性和拍摄效果。

8.注意环境因素

在拍摄过程中，注意环境光线、风速等影响对焦的因素。适当调整拍摄角度或使用防风设备来减少干扰。

9.软件后期处理

如果某些情况下视频对焦不佳，可以使用视频编辑软件进行后期处理，如调整焦点、应用模糊效果等。

15.2.15 单反相机影视套件的使用技巧

目前，较为普及的全画幅单反数码相机、微单相机都拥有高清、超高清的视频拍摄功能，画面质量已接近电影摄影机。然而，数码相机拍摄视频的缺点也是明显的。

首先，单反相机的机身设计造成了拍摄视频的不便。拍摄固定镜头时可以使用三脚架拍摄，但运动镜头的拍摄就难以实现了。一般来讲，数码相机的机身小且不能肩扛，而手持拍摄又不能完全保证画面的稳定性。即使使用手持，也由于机身没有稳固的“抓手”而导致难以操控。

其次，单反相机镜头的遮光罩太小，在拍摄特定场景时，光线可能会斜射入镜头，让原本优质的画面曝光过度或产生光晕。

最后，使用单反相机拍视频时，手动对焦较难，大部分机器也没有为拍摄视频设计的电动伺服变焦。

当然，我们要注意一点，单反相机是照相机，本质上讲是为了拍摄照片而设计的。

近年来，参考电影摄影机的配套方案，许多厂商陆续推出了适用于单反相机、微单相机的摄像配套设备，称为“单反相机影视套件”。下面，笔者以佳能5D4单反相机为例，介绍其影视套件的组成、功能及使用技巧。

佳能5D4的影视套件一般由遮光斗、ND镜片组和渐变滤镜组、跟焦器、监视器、电源组、导管、肩托、提手、保护架、云台和三脚架、轨道和斯坦尼康等部分组成。

1.遮光斗

遮光斗（如图15–7所示），通常由金属或碳纤维制成，能完好规避73度的斜射光线。遮光叶片的开合可以在一定角度范围内进行调整。遮光斗一般安装在导轨上，位于镜头的前端，替代镜头原有的遮光罩，防止光线散射，以避免非目标区域的曝光。

在逆光、侧光拍摄时，遮光斗能防止非成像光的进入，避免镜头光晕、光斑的出现。

在顺光和侧光拍摄时，遮光斗可以有效避免周围的散射光进入镜头。

在人工光源下或夜间摄影时，遮光斗可以有效避免周围的干扰光进入镜头。

遮光斗内部一般配有固定式ND镜片架座以及可旋转渐变滤光镜座，用于安装镜头滤镜。

遮光斗还可以防止镜头的意外损伤，在某种程度上为镜头遮挡风沙、雨雪等。

遮光斗是摄影师在拍摄过程中控制光线的重要工具之一。无论是在室内还是室外拍摄，遮光斗都能够帮助摄影师更好地控制光线，创造更好的摄影效果。

图15-7　常见的单反相机遮光斗

2.ND镜片组和渐变滤镜组

ND镜片相当于摄像机内置的中性滤光镜，用于减少进光量。ND镜片组一般有ND0.3、ND0.6、ND0.9、ND1.2等，其中最常用的是 ND0.6和ND0.9。渐变滤镜组一般包括蓝色、黄色、橙色渐变滤镜。

ND镜片组主要用于减少相机的进光量，从而延长快门时间。这在拍摄拉丝状的流水、平静的湖面、车轨、光绘等场景时非常有用。例如，当摄影师想要拍摄拉丝状的流水效果时，如果没有ND镜片组，可能需要在白天使用较长的曝光时间，可能会导致画面过曝。而有了ND镜片组后，就可以在白天用较短的曝光时间，获得理想的拍摄效果。

渐变滤镜组主要用于拍摄风景或大场景时，对画面上半部分进行色彩或亮度的调整。渐变滤镜组可以平衡天空和地面的曝光，使整个画面看起来更加自然。例如，当天空和地面的亮度差异较大时，使用渐变滤镜可以避免天空过曝或地面欠曝的情况发生。

ND镜片组和渐变滤镜组都是非常重要的摄影滤镜类型，各自有其独特的用途和优势。摄影师可以根据自己的拍摄需求选择合适的滤镜，以获得更好的拍摄效果。

3.跟焦器

跟焦器（如图15-8所示），也叫追焦器、变焦器、变焦伺服器。相机跟焦器是一款专门用于单反相机拍摄视频的辅助设备。它的主要功能是控制镜头的焦点，从而实现动态的视频拍摄。相比传统的手拧镜头，跟焦器更加精准和稳定，能够使镜头的焦点在拍摄过程中始终保持在目标上。

图15-8　单反相机无线跟焦器

跟焦器的使用方法很简单，只需要将其安装在镜头上，通过调节跟焦器的旋钮或按键，就可以实现焦距的调整。跟焦器通常配备多个调节环，可以分别控制镜头的焦点、景深和变焦等参数。

此外，跟焦器还可以通过与三脚架等拍摄辅助设备的配合使用，实现更加稳定和流畅的拍摄效果。它能够大大提高拍摄效率和质量，减少摄影师的工作量和技术难度，使拍摄出的视频更加生动和细腻。

4.监视器

图15-9　Atomos NINJA V机头监视器

监视器的大小一般为6—7寸，通常的功能有两个：一个功能是拍摄时的监看，另一个功能是对画面进行实时调色和存储。目前，专业领域使用的监视器有Atomos NINJA V机头监视器等（如图15-9所示）。外置监视器以其独特的优势成为专业摄影师拍摄过程中的得力助手。相比内置显示屏，外置监视器通常具备更大的显示屏幕、更高的图像质量和更丰富的附加功能。摄影师可以通过外置监视器获得更宽广的视野和更清晰的画面细节，从而更好地掌控构图和预览拍摄效果。此外，外置监视器的安装和使用非常灵活，支持多角度旋转和调整，方便摄影师在不同拍摄环境下调整监视器的位置和角度。同时，外置监视器还具备多种附加功能，如音频监听、录制、时间码显示等，能够满足摄影师在拍摄过程中的多样化需求。对于追求卓越画质的专业摄影师而言，相机外置监视器无疑是最佳的选择。

5.电源组

5D4影视套件的电源组类似一个多路输出的电源适配器，它将外接摄像机电池的电能转换、分配给需要供电的套件组件。电源组上面的“V”形接口适用于大容量的摄像机电池，这是电源组的输入部分；输出部分一般有3路电路输出，可同时给相机和监视器等配套设备连续供电，以保证长时间拍摄的用电需求。

6.导管、肩托、提手和保护架

相机的导管在摄影设备中起到了重要的连接作用。它通常用于连接相机和各种外部设备，如闪光灯、滤镜等。导管的设计能够确保连接的稳定性和可靠性，同时减少外部环境对相机的影响。通过导管，摄影师可以方便地扩展相机的功能，提高拍摄效果和创作灵活性。

肩托、提手和保护架这些元素在相机的使用过程中也十分重要。

①肩托

肩托可以为一些重型的相机提供额外的支撑，减轻摄影师的负担。它通常设计为与相机导管相连接，形成一个完整的支撑系统，使摄影师能够更稳定地操作相机。

②提手

提手的设计旨在提供方便的携带方式。无论是短途移动还是长途携带，摄影师可以通过提手轻松地提起相机。提手的形状和尺寸通常会根据相机的特点和摄影师的需求进行定制，以确保最佳的握持舒适度和稳定性。

③保护架

保护架主要用于保护相机的脆弱部分，如镜头、传感器和导管等。它能够提供一层额外的保护层，防止相机在拍摄过程中受到撞击或刮擦。保护架通常采用耐用的材料制成，如金属或硬质塑料，以确保其耐用性和可靠性。

导管、肩托、提手和保护架的组合为肩扛或手持拍摄提供了条件。同时，它们也是其他组件安装的基础。比如，前面提到的遮光斗、跟焦器、监视器、电源组等都是通过导管连接相机的。（如图15-10所示）

图15-10　单反摄像套件组装后示意图

7.云台和三脚架

相机的云台和三脚架是摄影中不可或缺的辅助设备，在稳定相机和提高拍摄质量方面发挥着重要作用。

云台是一种可以灵活安装相机的支撑设备。摄影师通过云台可以实现对相机的水平和垂直旋转，拍摄出不同角度的照片和视频。云台的设计通常非常精巧，操作起来也比较方便，因此，它非常适合用于拍摄需要不断变换角度的动态场景，例如，运动比赛、动物迁徙等。

相比之下，三脚架是一种更加稳定的支撑设备，主要用于固定相机，防止出现拍摄时的抖动。通过调节三脚架的高度，可以适应不同拍摄场景的需求，例如风景摄影、建筑摄影等。在长时间曝光或需要保持相机稳定的静态场景中，三脚架的作用更加突出。

总的来说，相机的云台和三脚架各有各的特点及用途。在实际拍摄中，可以根据需要选择适合的设备，以获得更好的拍摄效果。无论是云台还是三脚架，正确的使用方法和调整都是保证拍摄质量的关键。

8.轨道和斯坦尼康

轨道和斯坦尼康是两种不同的拍摄设备，在电影和电视制作中都有广泛的应用。

轨道是一种用于移动摄影机的设备，通常由一条长轨道和一辆载有摄影机的车辆组成。摄影机可以沿着轨道移动，创造出平滑的移动镜头效果。轨道可以用于各种场景的拍摄，例如追逐戏、行走的演员、风景等。通过调整摄影机的速度和轨道的长度，摄影师可以创造出不同的效果。

斯坦尼康则是一种摄像机稳定系统，旨在减少摄影师在拍摄过程中由于行走、跑动或跳跃等动作产生的颠簸和摇晃。它通过一套复杂的机械和电子系统，将摄像机固定在摄影师胸前的一个背心上，并使用减震臂和平衡组件来保持画面的稳定。斯坦尼康可以让摄影师在运动中拍摄出平滑稳定的画面，例如在追逐戏、动作戏或自然环境中的拍摄。

轨道和斯坦尼康都是为了创造特定的视觉效果而设计的设备。轨道适用于辅助镜头创造移动和平滑的镜头效果，而斯坦尼康则强调拍摄出稳定和流畅的画面。

具体的使用技巧如下：

①脚架和稳定器的选择

相机的尺寸对于选择脚架和稳定器也是需要考虑的因素之一。以下是一些在选择脚架和稳定器时需要考虑的因素。

A.相机尺寸

相机的尺寸会影响到脚架和稳定器的选择。较大的相机需要更稳固的脚架来支撑，而较小的相机则可以选择轻便的脚架或稳定器。

B.平衡性

相机的平衡性也会影响稳定器的选择。如果相机的重心不适合直接放在三脚架上，你可能需要使用平衡杆或加装其他配件来保持相机的平衡。

C.承载能力

一些高端的脚架和稳定器可以承载较重的相机和镜头，而一些轻便的设备则可能只适合较轻的装备。在选择脚架和稳定器时，你需要考虑它们的承载能力是否与你的相机和镜头的重量相匹配。

D.兼容性

不同品牌的脚架和稳定器可能具有不同的快拆板和螺丝规格，因此，你需要确保你选择的设备与你的相机品牌和型号兼容。

相机的尺寸、平衡性、承载能力和兼容性都是选择脚架和稳定器时需要考虑的因素。在购买这些设备之前，建议先了解不同品牌和型号的特点和优缺点，并选择最适合你的设备。

②镜头的选择

在成像质量方面，定焦镜头的成像质量通常优于变焦镜头，定焦镜头的光学设计相对简单，能够更好地避免像差和色差等问题。此外，定焦镜头的光圈通常也比较大，能够提供更好的景深效果和背景虚化效果，适合拍摄人像和花卉等主题。而变焦镜头的光圈通常较小，有时候可能会出现画质下降和边缘模糊等问题。

在焦段效果方面，变焦镜头的焦段范围更大，可以在不同的拍摄距离和角度下拍摄，适合拍摄风景、运动等场景。而定焦镜头的焦段范围较小，需要摄影师根据拍摄需求选择合适的焦距，不过，定焦镜头的光圈较大，能够提供更好的背景虚化效果。

选择变焦镜头还是定焦镜头需要根据个人的拍摄需求和预算做出判断。如果需要拍摄多种场景并且追求更好的成像质量，可以选择定焦镜头；如果需要拍摄不同角度和距离下的场景，或者需要一支轻便的镜头随身携带，可以选择变焦镜头。

③UV滤镜的正确使用技巧和对相机的作用

UV滤镜的正确使用技巧如下：

第一步，清洁。在安装UV滤镜之前，需要先清洁镜头和UV滤镜的表面。使用专业的镜头纸或镜头笔轻轻擦拭，避免使用过于粗糙的纸或笔，以免损坏镜片。

第二步，安装。将UV滤镜的安装环旋转到与镜头匹配的位置，然后将UV滤镜轻轻推入镜头的前端，确保UV滤镜与镜头紧密连接。

第三步，取下。如果需要取下UV滤镜，可以轻轻旋转安装环并将其向后滑动，然后取下UV滤镜。

第四步，避免刮擦。在安装或取下UV滤镜时，需要小心操作，避免刮擦镜头或UV滤镜的表面。

UV滤镜对相机的作用如下：

首先，保护镜头。UV滤镜可以起到保护镜头的作用，防止灰尘、污渍和指纹等对镜头造成损害。

其次，提高图像质量。UV滤镜可以避免因紫外线产生的图像泛黄和朦胧现象，从而提高图像质量。

再次，防止眩光和光晕。在强光环境下拍摄时，UV滤镜可以减少眩光和光晕现象，提高画面的清晰度和对比度。

最后，降低图像畸变发生的概率。某些品牌的UV滤镜具有矫正镜头畸变的作用，可以降低图像畸变发生的概率。

需要注意的是，不同品牌的UV滤镜品质可能不同，有些品牌的UV滤镜可能会影响画面的色彩平衡和清晰度。因此，在选择UV滤镜时，需要注意其品质，并在必要时进行测试。此外，在某些特定场景下拍摄时，例如选择风景摄影、宽广的视角等时，需要使用偏光滤镜来消除反光，提高色彩饱和度。

④跟焦器的使用

跟焦器是一种重要的摄影工具，能够帮助摄影师更好地控制焦点和景深，提高拍摄质量。在实际拍摄中，跟焦器可有效弥补相机聚焦的缺陷。以下是跟焦器的使用技巧：

A.熟悉镜头

在使用跟焦器之前，熟悉镜头是非常重要的环节。了解镜头的焦距范围、对焦距离以及景深等参数，有助于更好地掌握镜头的对焦特性。

B.调整合适的跟焦环

根据需要调整跟焦环的位置，使其适应镜头的对焦环。确保跟焦环的松紧度适中，以便于控制和操作。

C.保持稳定

在拍摄过程中，保持相机的稳定是非常重要的。使用三脚架或其他支撑设备可以有效地减少相机的抖动，提高拍摄的稳定性。

D.掌握对焦技巧

在使用跟焦器时，掌握一些对焦技巧是必要的。例如，使用单点对焦模式可以更精确地控制焦点，而使用连续对焦模式则更适合动态拍摄。

E.注意环境光线

在拍摄过程中，注意周围环境的光线条件。如果光线不足，可以使用补光灯或其他光源来提高对焦精度和拍摄质量。

F.练习和熟悉

最后，不断地练习和熟悉使用跟焦器是非常重要的。通过不断的实践，你可以逐渐掌握使用技巧，提高拍摄水平。

G.与其他摄影器材的配合使用

跟焦器通常与其他摄影器材配合使用，如摄像机、镜头和三脚架等。了解这些器材的特性和使用方法，可以帮助你更好地发挥跟焦器的功能。

H.注意安全

在使用跟焦器时，注意安全是非常重要的。确保你的操作不会对其他人或物品造成伤害，特别是在进行高角度或低角度拍摄时要注意周围环境。

⑤外接取景器

相机外接取景器的作用主要包括以下几个方面：

A.提高拍摄的稳定性

外接取景器可以提供稳定的观察环境，减少由于手抖或拍摄角度不稳定而导致的模糊画面。

B.提升视野清晰度

与内置取景器相比，外接取景器通常具有更高的光学性能，可提供更清晰的视野，帮助摄影师捕捉到更细腻的画面。

C.降低屏幕反光的概率

在户外或强光环境下拍摄时，外接取景器可以降低屏幕反光的概率，使摄影师能够更准确地判断曝光和色彩。

D.低角度拍摄

摄影师在进行低角度或俯视拍摄时，使用外接取景器可以获得更舒适和准确的观察角度，更好地构图和调整角度。

E.降低眼睛疲劳

长时间使用相机内置取景器可能会让眼睛产生疲劳，而外接取景器可以减轻这种压力，减少眼睛的疲劳感。

F.辅助手动对焦

外接取景器通常具有更大的放大倍率，使摄影师能够更清晰地观察焦点，提高手动对焦的准确性和速度。

G.专业摄影工具

在专业摄影领域，外接取景器已成为标准配置，为摄影师提供更高级的观察和控制能力。

相机外接取景器可提供更清晰、稳定的视野和更多专业功能，提升拍摄的准确性和效率，是摄影师在创作过程中的得力助手。

⑥外接收音设备

单反相机自身拥有的收音单元是达不到影视拍摄要求的，这就需要我们借助外接收音设备进行收音。一般来讲，针对不同的拍摄内容，我们使用的收音设备是不同的。例如，在拍摄纪实类的影视作品时，有线话筒（如图15-11所示）、无线麦克风（如图15-12所示）是最为常见的收音设备。而在拍摄故事片、剧情片时，挑杆话筒（如图15-13所示）是最为常见的收音设备。目前，各大厂家推出了品类众多的收音设备，其中不乏专门为单反、微单甚至卡片相机、手机推出的收音设备。

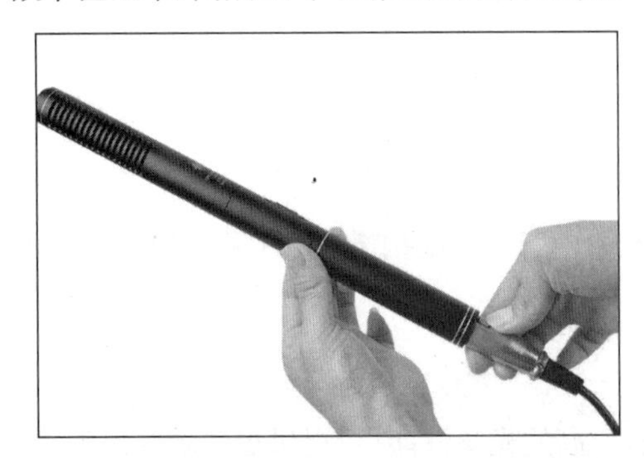

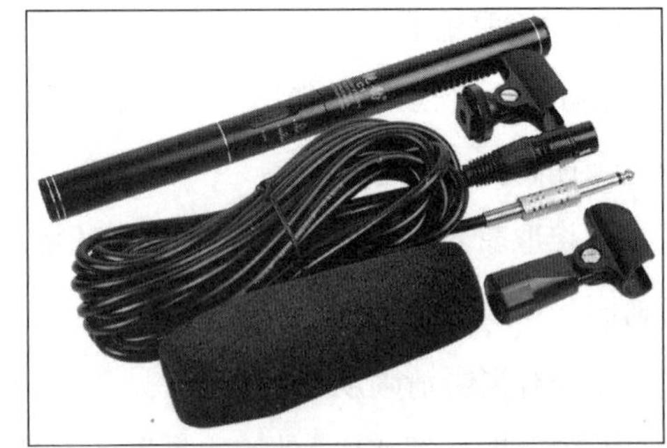

图15-11　常见的有线话筒套装

图15-12　单反用无线麦克风套装

图15-13　挑杆话筒在影视拍摄中的应用

15.3 影片创作基础

影视创作流程，是指影视作品完成创作的全过程。这一过程是创作的过程，也是运用视听综合手段完成表达和叙事的过程。这一过程的完成，一般要经历前期筹备、正式拍摄和后期制作三个阶段。

15.3.1 前期筹备及影视叙事基础的形成

1.前期筹备

在影视拍摄前期，剧本准备是整个项目的基础和灵魂，决定了影片的走向、风格和观众体验。

创意构思是剧本准备过程中至关重要的第一步。一个好的创意如同影片的种子，孕育着无限的可能。它可能是一个瞬间闪现的灵感，也可能需要经过长时间的沉淀和打磨。无论如何，创意都需要具备独特性和吸引力，能够引人入胜，触动人心。

编写剧本是一个需要细心和耐心的过程。剧本不仅包括对话和动作，还包括镜头指示、角色背景、情节线索等。在这个阶段，你需要将自己心中的故事用文字表达出来，使其生动、有趣并充满张力。剧本的格式也十分重要，比如对齐、字体、间距等因素，将影响剧本的阅读效果。

剧本中的角色设定同样关键。每个角色都需要有独特的性格特点和背景故事，这样才能让观众对角色有深刻的印象和理解。角色的外貌特征是塑造角色形象的重要一环，可以辅助展现角色的性格和心理状态。

场景设定不可忽视。场景为故事提供了一个真实的背景，可以营造出特定的气氛和情绪。你需要确定每个场景的具体位置、布置、光线等细节，以便导演和美术设计师能够精准地还原剧本中的场景。

故事板制作是前期准备的重要环节。通过故事板，你可以将剧本中的内容转化为图像，使每个镜头的布局、动作和对话具体化。这不仅可以帮助你在拍摄前更好地规划时间和资源，还能在团队中达成共识，确保每个人对影片的理解是一致的。

细化预算和时间安排。你需要根据故事板估算拍摄所需的资源，包括演员、场地、设备等，并制订详细的时间表。这将有助于你制订出切实可行的预算计划，并为整个拍摄过程做好充分的准备。

3.制作组——创作集体的形成

影视拍摄中的制作组是负责将剧本转化为生动影像的核心团队。这个团队由多位专业人士组成，每个人都有其独特的职责和作用。

导演是整个制作组的灵魂人物，负责把握影片的整体风格和艺术走向。他需要指导演员的表演、指导摄影师的镜头调度，以及协调其他各个制作环节，以实现自己的艺术构想。

演员则是将剧本中的角色生动展现给观众的重要人员。他们通过自身的演技，将角色的性格、情感和故事呈现出来，使观众能够感同身受。

摄影师、美术师、音乐家和录音师等也是制作组中不可或缺的角色。摄影师负责镜头的拍摄和画面的构图，美术师则负责场景的设计和布置，音乐家和录音师则负责影片的音乐和声音效果，他们的工作对于营造影片的视觉效果、氛围以及提升观众的观影体验都至关重要。

制片人、制片主任、剧务、场务等行政管理人员也是制作组的重要组成部分。他们负责整个项目的策划、运营，以及拍摄过程中的行政管理和后勤保障工作，确保整个拍摄过程顺利进行。

影视拍摄中的制作组是由导演、演员、摄影师、美术师、音乐家、录音师、剪辑师以及行政管理人员等组成的，他们各司其职、协同工作，将剧本转化为精彩的影视作品。

15.3.2 实拍过程

正式拍摄也称实拍阶段，是指从影片开机拍摄到停机前的整个过程。这是影视生产过程中最具挑战性的阶段，是影视作品生产的关键环节，也是导演的创作意图和构思通过视听画面实现的阶段。

15.3.3 后期制作

前期拍摄工作结束之后，紧接着便进入后期制作阶段。后期制作是一个复杂的阶段。创作团队通过集思广益、头脑风暴，把原本孤立的镜头通过一条或者几条线串联起来。通常情况下，拍摄结束后，摄制组会召开会议，确定影片的叙事风格、主体、主要内容，之后由专人进行文本创作，并经反复修改后交由编辑编片。样片出炉后，制作团队要反复进行审看，对视听和文字两部分内容分别进行审核，对于在传播导向、法律、政治、道德上的偏差或错误要及时修正，对于语言表述、字幕制作上的问题也要认真解决。

15.4 分镜头剧本创作

15.4.1 分镜头剧本的定义

分镜头剧本把影视文学剧本中的文字形象转化为影视视听形象，并将剧本内容分成一个个具体镜头形象供拍摄所用。

15.4.2 分镜头剧本的主要内容及基本模式

1.主要内容

分镜头剧本的主要内容包括：场景名称与镜头的镜号；镜头的景别；拍摄方法与技巧；镜头内容；声音处理；镜头长度；镜头素描（故事板）。

有些导演喜欢在分镜头剧本中采用镜头素描的方法作为补充，素描出来的画面应该表现出画面构图的性质和镜头结构的性质和布局，但并非所有镜头都有必要做镜头素描（如图15-14所示）。

图15-14 张艺谋导演的《英雄》分镜头素描

2.基本模式(如表15-1所示)

表15-1　电视剧《倩魂》单机分镜头

序号	镜号	场景	时间	景别	摄法	技巧	内容	音乐	音效	长度	备注
一						淡入	古镇大街　日　外				
	1	外	日	大全	摇		一辆红色轿车行驶在古镇大街				
	2	内	日	近			车内，张局长看着程茜。张局长："姑娘，可以打听你的芳名吗？"				
	3	内	日	近			程茜看着这位陌生人，笑了笑，没有说话				
二							海边　日　外				
	4	外	日	全一中			二人往前走着（迎镜走来） 张局长："仁普，你觉得这件事情怎么办合适？" 王仁普："水到渠成，按兵不动……"（站定）				
	5	外	日	近			张局长："开辟旅游区，少翻译导游，得抓紧呀！"				
	6	外	日	全			王仁普认真听着张局长的讲话 王仁普："局长说得对……" 一声海浪拍打在岩石上（王反应）				

15.4.3　注意事项

导演可以根据实际需要和自己的习惯，灵活掌握分镜头剧本的写作方式和格式。在写作分镜头剧本的过程中，应该注意以下五个方面的问题：

第一，分镜头剧本应该体现导演的构思、创作意图和创作风格。

第二，分镜头剧本应该处理好整部作品的结构和节奏。

第三，分镜头剧本的画面内容应生动形象，简洁易懂。

第四，分镜头剧本中的镜头衔接运用要顺畅自然。

第五，分镜头剧本应着重处理某些重要场面和镜头。

参考文献

[1] 袁奕荣.电视摄像与高清摄像技术[M].上海：上海大学出版社，2009.

[2] 赵成德，赵巍.数字电视摄像技术[M].上海：复旦大学出版社，2012.

[3] 刘益君.数字高清影视摄影教程[M].成都：四川美术出版社，2013.

[4] 程科，张朴.摄影摄像基础[M].北京：北京大学出版社，2019.

[5] 任金洲.电视摄像[M].北京：中国传媒大学出版社，2021.

[6] 陈勤，朱晓军.摄像技术通用教程[M].北京：人民邮电出版社，2017.

[7] 陈勤，沈潜.大学摄像实用教程[M].北京：人民邮电出版社，2014.

[8] 崔毅.摄影构图教程[M].上海：上海人民美术出版社，2018.

[9] 戴菲.数字摄影[M].上海：上海人民美术出版社，2019.

[10] 朱佳维.摄像基础项目教程[M].北京：人民邮电出版社，2020.

[11] 李志方.电视摄像基础教程[M].武汉：武汉大学出版社，2021.

[12] 李育林.电视摄像实用教程[M].北京：中国传媒大学出版社，2021.

[13] 蔡露，朱荣清.电视摄像艺术基础教程[M].北京：中国国际广播出版社，2021.

[14] 夏正达.摄像实战进阶版[M].上海：上海人民美术出版社，2020.

[15] 李军.论电视摄像技术中的画面构图艺术[J].新闻传播，2017(22).

[16] 张德生.数字摄像技术对电视媒体发展的影响探讨[J].科技传播，2017(5).

[17] 方鹏磊.论数字摄像技术对电视媒体发展的影响[J].中国报业，2016(20).

[18] 马骏.浅谈数字摄像技术[J].新闻世界，2010(1).

[19] 胡杨.浅析运动镜头中的拉镜头在电影中的运用[J].参花(上)，2017(10).

[20] 常凯鹏.论运动镜头在影视作品中的作用[J].大众文艺，2017(1).

[21] 侯云.浅谈特写镜头在电视专题片中的作用[J].中国新通信，2016(21).

[22] 刘爱庆，吴琼，李方一.电视摄影中推拉镜头的运用[J].科技传播，2013(20).

[23] 齐虹，邵丹，罗盘.变形宽银幕镜头的在创作中的运用[J].北京电影学院学报，2016(5).

[24] TRAN A.使用ARRI Master Anamorphic变形宽银幕镜头拍摄《反叛者》[J].影视制

作, 2015(4).

[25] 祝玉华, 石凤良, 刘一山.柱面透镜: 宽银幕电影实现的技术基础[J].电影评介, 2008(13).

[26] 吴晓丹.奇幻的新媒体技术: 浅谈3D电影的发展历史性与视听语言[J].电影评介, 2011(12).

[27] 王维燕.时空扭曲与历史放逐: 数字电影对经验世界的改写[J].郑州大学学报(哲学社会科学版), 2006(3).

[28] 全香春.谈电影画面构图的多样性[J].电影文学, 2011(14).

后　记

《数字摄影技术》一书是笔者8年来教学经历的总结和凝练，在此过程中，主要经历了三个思想发展的阶段：第一阶段，笔者从媒体视角看待数字摄影技术的发展和教学。在这一过程中，笔者以专业基础知识为前提，大量融入了业界的工作实践，特别是广播电视领域的纪录片、剧情片和其他栏目的案例，引领学生开展广播电视的创作思维；第二阶段，在经历过第一阶段的教学和创作实践后，笔者开始从广播电视、电影摄影的角度思考问题，在原有的基础之上加入了大量电影创作的案例，特别是与电影摄影的相关技巧和知识；第三阶段，在综合考虑传媒业界发展的情况下，结合高校相关专业学生的就业情况和传统媒体的发展变化，在“数字摄影技术”课程中，融入了当下“4K+8G”技术，分析网络直播、短视频创作等一系列问题，并力图给广大读者留下一种应对传播环境变化的技术措施，这便是用技术的进步和革新应对受众不断增长的需求。

本书经过至少六次大的修改和完善，经历过拍摄和教学实践的二次打磨。针对高校专业学生和其他初学者的反馈，笔者对本书相关章节进行了修改。例如，将“拐点”“模糊圈”等内容进行了通俗化的处理。当然，本书在撰写过程中，侧重于影视摄影基础知识，没有对包括电影摄影高阶内容、PP值等内容进行深入地阐述。这主要受限于目标群体的初级水平和总体目标的整体规划。

在此，特别感谢四川传媒学院摄影学院的大力支持，感谢我的学生——四川音乐学院硕士研究生鞠琦民进行的资料收集、书稿整理等工作。恳请相关专业专家、学者批评指正。书稿十万余字，难免疏漏，恳请批评指正。

编　者

2024年3月26日

图书在版编目(CIP)数据

数字摄影技术 / 付斌编著. -- 北京: 中国传媒大学出版社, 2024.6
ISBN 978-7-5657-3654-4

Ⅰ. ①数… Ⅱ. ①付… Ⅲ. ①数字照相机—摄影技术 Ⅳ. ①TB86 ②J41

中国国家版本馆 CIP 数据核字(2024)第 108258 号

数字摄影技术
SHUZI SHEYING JISHU

编　　著　付　斌
策划编辑　黄松毅
责任编辑　黄松毅
特约编辑　李　婷
责任印制　李志鹏
封面设计　风得信设计 · 阿东

出版发行　中国传媒大学出版社
社　　址　北京市朝阳区定福庄东街 1 号　　**邮　　编**　100024
电　　话　86-10-65450528　65450532　　**传　　真**　65779405
网　　址　http://cucp.cuc.edu.cn
经　　销　全国新华书店

印　　刷　北京中科印刷有限公司
开　　本　787mm×1092mm　1/16
印　　张　12.75
字　　数　248 千字
版　　次　2024 年 6 月第 1 版
印　　次　2024 年 6 月第 1 次印刷

书　　号　ISBN 978-7-5657-3654-4/J · 3654　　**定　　价**　49.80 元

本社法律顾问: 北京嘉润律师事务所　郭建平

开　　本　787mm×1092mm　1/16

版　　次　2021年11月第1版

印　　次　2024年6月第1次印刷

书　　号　ISBN 978-7-5657-3654-4